U0339876

· 身边的鸟类观察

鸽子走路为什么摇头晃脑

[日]藤田祐树 · 著

李司阳 · 译

CSK 湖南科学技术出版社 · 长沙

图书在版编目（CIP）数据

鸽子走路为什么摇头晃脑 /（日）藤田祐树著；李司阳译 . — 长沙：湖南科学技术出版社，2024. 11.（身边的鸟类观察）. — ISBN 978-7-5710-3319-4

Ⅰ . Q959.7-49

中国国家版本馆 CIP 数据核字第 2024H6T043 号

HATO WA NAZE KUBI O HUTTE ARUKU NOKA
by Masaki Fujita
© 2015 by Masaki Fujita
Originally published in 2015 by Iwanami Shoten, Publishers, Tokyo.
This simplified Chinese edition published in 2024
by Hunan Science & Technology Press Co., Ltd., Changsha
by arrangement with Iwanami Shoten, Publishers, Tokyo

著作权合同登记号：18-2024-137

GEZI ZOU LU WEISHENME YAOTOU-HUANGNAO
鸽子走路为什么摇头晃脑

著　　者：[日] 藤田祐树		译　　者：李司阳	
出 版 人：潘晓山		责任编辑：谷雨芹　李 叶	
出版发行：湖南科学技术出版社			
社　　址：长沙市芙蓉中路一段 416 号泊富国际金融中心			
网　　址：http://www.hnstp.com			
印　　刷：长沙市雅高彩印有限公司			
（印装质量问题请直接与本厂联系）			
厂　　址：长沙市开福区中青路 1255 号　邮　　编：410153			
版　　次：2024 年 11 月第 1 版			
印　　次：2024 年 11 月第 1 次印刷			
开　　本：787 mm×1092 mm　1/32			
印　　张：5.5		字　　数：82 千字	
书　　号：ISBN 978-7-5710-3319-4			
定　　价：40.00 元			

（版权所有·翻印必究）

序言　为什么要研究这一问题

我一直从事鸟类行走的相关研究。很多人感到不理解："为什么不研究鸟类的飞行，而要研究它们的行走呢？"的确，鸟类最为标志性的特征就是在天空中自由自在地飞翔。然而，如果我们仔细观察它们就会发现，很多鸟在天空中飞行的时间并不是特别长。当然，有的鸟总是在天上飞，比如燕子；可有的鸟更多的时候是在地面上行走，比如鸽子和麻雀。对于后者来说，在地面行走和在天空飞翔是同等重要的事情。

但是，大部分人仍然存在疑虑。即便走路对鸟来说很重要，那这个研究又有什么样的意义，能够创造什么价值呢？这种疑虑有一定的道理，毕竟研究鸟类行走既不能改善人类的生活质量，又不能帮助人们解决实际困难。但是，研究鸟类行走本身就十分有意思，这是它最大的价值与意义所在。而鸽子走路摇头晃脑的原因，可以说是鸟类行走研究中最为重要的课题。

我们在观察鸽子行走时可以发现，它们永远都是轻快地摇晃着小脑袋在往前走。对这个现象感到好奇、想要一探究竟的人意外地多，我也因此接到了许多电视台和报纸杂志的采访。鸽子摇头晃脑的走路姿势，在喜欢它的人眼里是可爱迷人的，在讨厌它的人眼里则代表着愚蠢和不稳重。无论是喜欢还是讨厌，大家都想知道鸽子为什么要摇头晃脑地走路。尽力探寻人类想要知道的事情，是科学的重要任务。努力解决自己感兴趣的问题，更是人的天性。

本书将以"鸽子走路为什么摇头晃脑"为中心展开话题讨论。为了更好地理解这个问题，大家有必要先对鸟类行走的方式有一个全面的认知，这样读书的趣味性可以大幅提升。因此，本书将从动物运动这一基本内容出发，慢慢揭开问题的奥秘。接下来，让我们正式开始阅读之旅吧！

目录

1

运动才能生存

　　人们之所以对鸽子摇头晃脑的原因感兴趣，可能与我们认为这个动作没有实际意义有关系。明明可以不用摇晃着脑袋走路，为什么鸽子还非要这么做呢？

　　仔细想想，包括人类在内的所有动物总是在做着各种各样的运动。动物们既可以调动整个身体行走，也可以仅调动身体的一部分运动，比如动嘴进食、动手挠头等。相比之下，植物几乎不会运动。虽说动物的名字就是来源于运动，可既然有的生物不用运动就能生存，那动物为什么一定要运动呢？

运动是什么？

运动，会让身体疲惫。走的距离长了，腿脚会累；硬的东西嚼多了，下巴会累。如果可以不动的话，那么似乎不动才是正确的选择。不过显而易见，动物不运动就无法生存。假设每个人都不再运动，静静等待死亡的话，会发生些什么呢？世界各处的人们将逐渐死去，地球上不会再有人类这种动物存在，人类将走向灭绝。反过来说，人类正是因为在不断运动，所以才能免于灭绝，一直生存在地球上。

可是，生物迟早要面对死亡。这个话题虽然有些沉重，但却不可避免。那么，生物生存到底要朝着什么方向努力呢？答案是，留下子孙后代。

动物为了物种的基因得到存续，必须要留下子孙后代。鱼和青蛙这一类动物，产卵后就万事大吉了。鸟类则要在幼鸟离巢前悉心照料它们。而人类恐怕要等到孩子独立并结婚后，才能放下心来。在孩子独立之前，大多数人总要努力生存、认真工作。正因如此，人类这一物种才能存在数万年，并且越来越壮大。

运动，是为了避免死亡

　　为了避免死亡，动物应该怎样做呢？

　　首先，每天都应该规律进食。植物能利用根系从地下吸收水和养分，通过光合作用自行制造出营养物质，但是动物只能通过进食摄取营养。如果动物总是坐在一个地方吃附近的食物的话，这些食物总有一天会消耗殆尽。这时，动物们就不得不起身出发去寻找下一个食物丰富的地方。如果是肉食动物的话，那就要捕获猎物。找到食物之后，动物们还需要动嘴咀嚼才能吃到食物。也就是说，动物寻找食物时腿脚要运动，进食时嘴巴要运动。为了吃点东西，动物们要进行各种各样的运动。

　　除了进食之外，动物们还要避免成为别人的盘中餐。方法多种多样，比如逃离天敌、寻找合适的藏身之处、远离危险等。其中，最激烈的一种运动方式是逃跑。许多草食性的哺乳动物都能够进行高速长距离的奔跑，我们通常认为这是为了逃离狮子及猎豹等食肉动物而进化出的技能。蝴蝶的飞行方式十分随机、没有规则，这同样是为了防止捕食它们的鸟类预测出它们的飞行轨迹。

一般来说，单位距离下用适中的速度行走，比起高速跑动，能量转化效率更高，即更省力。比起蝴蝶采用的不规则的变向运动，直线运动要更省力。动物之所以会采用高速跑动和不规则飞行的方式，一定是因为逃离天敌时，速度和逃跑方式要比能量转化效率重要得多。

这是非常自然的选择。当面临生命的威胁时，没有人会在意高速跑动给身体带来的疲惫感。大家住在治安好的地区，也许没有这方面的意识，但是躲避危险、远离危险确实是非常重要的事情。

繁衍后代也离不开运动

除了顺利完成进食、躲避天敌之外，动物还要繁衍和哺育后代。几乎所有脊椎动物都有雄性和雌性之分，只有雌雄相遇后才能繁衍后代。雄性和雌性动物为了见面，多少需要一些走动。见面之后，为了吸引对方注意，也离不开各种运动。

为了避免尴尬，我们不用人类举例，直接让鸽子登场。我在公园看鸽子们啄食的时候，偶尔会发现几个奇怪的家伙。这些家伙挺胸抬头，鼓起喉部，边走路边上下点脖子，还把尾羽展开贴着地面。它们看起来像是在缠着别的鸽子，其实这就是雄鸽围着雌鸽在求偶（图 1）。

只有雄性鸽子通过这样的求偶行为征服了雌性鸽子，它们才有可能顺利交配并留下后代。雄性鸽子使尽浑身解数鼓起喉部，迈着优雅的步子靠近雌性鸽子。可是如果雌性鸽子不喜欢这只雄性鸽子的话，那么它只会觉得麻烦。没准儿它心里还想：什么优雅的步伐，明明就是纠缠女孩子的坏把戏。这么一来，雌性鸽子就会从雄性鸽子身边逃走。看了这样的画面，我心里莫名地有些沮丧。

有位著名的篮球教练说过："如果你放弃了，比赛就提前结束了。"要是就这么放雌鸽子走了，那就不可能留下子孙后代了。雄鸽子好像也知道这一点，赶紧追上了雌鸽子。它依旧努力鼓起喉部，走出了更加优雅的步伐。雌鸽子表现出很困惑的样子走远了。雄鸽子见状赶紧跟上去。看了这个画面，我又有些怅然。雄鸽子又开始在雌鸽子周围打转，尾羽展开到最大程度优雅地贴着地面，头也随着步伐上下摆动。真是出色的舞蹈！但是，雌鸽子不吃这一套。不知道它心里是不是认为："真是够了，太烦了。"总之雌鸽子这回是彻底飞远了。雄鸽子赶紧飞着追了上去。我的心头再次涌上了一点无助的忧伤……

求偶真是件辛苦的事情啊。做这么一件事需要反复用各种各样的运动来配合。有的鸟儿跳的舞蹈比鸽子还要复杂，比如黑脚信天翁就会上下左右摆头，还会叽叽喳喳地发出兴奋的叫声，节奏时快时慢，真是十分复杂且出色的舞蹈（图2）。

当雄鸟与雌鸟彼此倾心之后，就会交尾、产卵并且哺育新的生命。鸟儿在产卵前需要寻找更多的食物，要凑齐筑巢的材料，材料凑齐后还要组装筑巢，这些都离不开身体的运动。

如果要一一列举运动的目的，那就没有止境了。所以我们简单总结一下，动物为了进食、避免成为他人的盘中餐、求偶以及生儿育女，都免不了要运动。

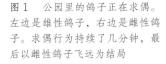

图1　公园里的鸽子正在求偶。左边是雄性鸽子，右边是雌性鸽子。求偶行为持续了几分钟，最后以雌性鸽子飞远为结局

图2　黑脚信天翁的舞蹈。两只鸟互相赠对方的头，它们配合彼此的动作节奏，并且逐渐加速，跳着一场十分复杂的舞蹈

运动的必要构造

　　无论做什么都需要身体进行运动，所以动物的身体上有一套运动的必要构造。运动的必要构造，是指将能量转化为运动的构造。拿汽车举例，发动机就是不可或缺的，它可以把汽油燃烧产生的能量转化为圆周运动。当然，齿轮和轴承也很重要，是它们将发动机产生的运动传送给轮胎。同样，汽车运动也离不开给发动机供应燃料的构造。只有将这些部分集合到一起，成为一个系统，才能够让汽车正常工作。

　　鸽子和人是因为有了骨头和肌肉，才能够运动。骨头负责支撑身体，而肌肉的收缩力可以牵引着骨头运动。肌肉运动所需的能量，则通过血液来运输。同样地，肌肉运动产生的二氧化碳及各种废物，也是依靠血液运输到肺、肝脏、肾脏等部位，最终排出体外。向肌肉发出收缩指令的角色，则是由神经系统担任的。

每一项背后都是复杂的构造，只言片语很难说清楚。但总的来说，我们正是因为拥有这样的构造才能够运动。

肌肉和骨骼带动身体运动

我们的肌肉和骨骼构造，真的特别厉害。

肌肉本身能够完成的运动，实际上特别简单，就是朝特定的方向收缩。肌肉由一群细长的肌细胞（肌纤维）组合而成。肌细胞可以沿其长轴方向收缩，但是一旦收缩，就只能先依靠其他肌肉的牵引力恢复舒张状态，再进行二次收缩。而肌肉是由肌细胞集合而成的，所以它也只能沿着肌细胞的排列方向收缩。虽然肌肉只能够进行如此简单的运动，但是它和骨骼组合起来后，却能够完成各种各样的运动。

顺带一提，虽然人类的骨骼是由骨头构成的，但是骨头和骨骼是有区别的。骨头，是以钙盐和胶原蛋白等纤维性蛋白质为主体构成的组织。而骨骼则主要指起到框架支撑功能的身体构造，与由什么材料构成的无关。换句话说，骨头就是构成包括人类在内的脊椎动物的骨骼的材料。脊椎动物利用骨头这种材料构成骨骼，而昆虫和甲壳类动物用的是一种名为甲壳素的蛋白质。脊椎动物的骨骼在身体内部，所以叫做内骨骼；昆虫等的骨骼在身体外侧，所以叫做外骨骼（图3）。

无论构成的材料是骨头还是蛋白质，坚硬的骨骼都可以将肌肉单纯的收缩转化成多种多样的运动。拥有这样的构造让动物们能够支配身体进行运动。

图3 毛蟹的骨骼标本。甲壳类动物是外骨骼，所以骨骼标本的样子和活着的动物基本没有区别

动物们的运动方式与其进化

　　动物利用肌肉骨骼系统进行各种各样的运动。有的是身体某些部位的运动，有的是整个身体直接发生位移的运动。当然，后者要比前者花费更多的体力。因此，追求位移的运动，尤其需要提升能量转化效率。

　　动物们在进化的过程中摸索出了自身的生活方式和与之相适应的移动方法。我们观察一下动物们的走路方式，就能理解这个过程。它们的走路方式可能是它们以某种特定方式生活的结果。

　　娃娃鱼等两栖动物，蜥蜴及壁虎等爬行动物，都是依靠从躯干中突出的四肢支撑身体，然后扭动躯干，再依次向前方移动四肢，从而达成身体的移动（图4）。它们扭动躯干的动作，和鱼类游泳时的躯干动作类似。而两栖类和爬行类动物，正是脊椎动物进化的过程中，最开始走向陆地的动物。它们本来就拥有和鱼类相似的身体构造，习惯于扭动身体，所以充分利用这个条件，实现了在陆地上的运动，形成了现在的走路方式。

后来，一部分两栖动物进化出了更短的躯干和更强壮的后肢，它们就是蛙科动物（图5）。修长的后肢能够提供强大的跳跃能力。可如果跳跃的时候身体左右摇摆，就会失去稳定性。为了解决这个问题，它们的身体也进化得越来越短。通过进化出更短的躯干和修长的后肢，蛙科动物获得了强大的跳跃能力。

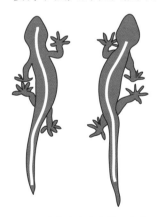

图4　壁虎的走路姿势。它们在走路时，脊柱（白线）会向左或右边大幅度弯曲

图5　青蛙的骨骼标本。修长的后肢保证了强大的跳跃能力，精短的躯干保证了跳跃时身体的稳定性

15

一部分爬行动物（恐龙）和哺乳动物同样通过四肢的进化实现了更多样的运动。它们的四肢除了变长之外，还有其他变化。与两栖动物以及壁虎等爬行动物不同，它们的四肢不是向身体侧面突出，而是向下方伸展。向下方伸展的四肢将躯干高高地支撑起来，通过前后摆动实现移动。

比起扭动整个身体，只运动四肢明显效率更高。此外，如果能够避免躯干的强烈运动，整个身体就会更加稳定、容易控制，从而实现高速运动。鹿及马等擅长奔跑的动物，就进化出了修长的四肢，它们四肢末端的变化尤其明显（图6）。四肢变长了，步幅随之变长，奔跑速度也就变快了。

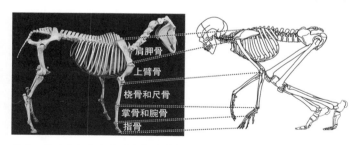

图6 马（左）和人类（右）的骨骼。马的掌骨和腕骨进化得和上臂骨几乎一样长 人类骨骼图作者：白田隆行

其实，哺乳动物的躯干也不是完全不动，而是一般会和四肢协调配合、共同运动。只不过这种运动和鱼类及蜥蜴的横向运动不同，是朝着腹背方向弯曲伸展身体。最常见的就是猫科动物奔跑时的动作。比如猎豹在奔跑的时候就会大幅度地弯曲伸展自己的躯干，调动全身的力量进行跳跃，从而扩大步幅、提升速度，成为陆地上奔跑速度最快的动物（图7）。

脊柱大幅度弯曲　　　　　脊柱大幅度伸展

图7　奔跑的猎豹。奔跑时脊柱（白线）朝腹背方向大幅度屈伸，以扩大步幅

这种朝着腹背方向屈伸躯干的动作，在几乎所有哺乳动物身上都能看到，只是程度不同罢了。先前提到的马和鹿等动物，虽然我们几乎看不到它们的躯干在运动，但实际上它们的脊柱一直在屈伸，只不过频率比猫科动物要小。

顺带一提，从陆地再次回到水中的哺乳动物也不例外，海豹、海狗、鲸等动物在游泳的时候，脊椎都会在腹背方向上弯曲伸展。鱼类在游泳时一般是横向扭动身体，而水生哺乳类则是朝着腹背方向屈伸躯干，这几乎就是进化的证据，可以证明水生哺乳类动物是由腿长在身体下方的哺乳动物进化而来的。

*

我们人类则不是靠四肢，而是靠双足运动，也就是双足行走。鸟类和我们也是一样的。

双足行走和四肢行走所需的运动条件完全不同。双足行走比四肢行走更难保持平衡，而且没办法通过躯干的弯曲和伸展扩大步幅。因此，如何保持身体平衡、怎样支配双腿运动以扩大步幅就变得十分重要了。下一章我们将着重探讨鸟类及人类共通的双足行走，在明确这一点后，再慢慢解决鸽子走路摇头晃脑的问题。

2

人类行走，鸟类行走

鸟类和人类的双足行走

　　大多数陆生脊椎动物都用四条腿行走，而鸟类和我们人类是双足行走。已经灭绝的恐龙也有一部分是双足行走，除此之外，在现代生物中就找不到其他例子了。硬要说的话，袋鼠会用两只后脚跳来跳去，但是它们不着急的时候还是用四条腿走路。同样，有的猴子和蜥蜴偶尔也只用后脚走路或跑步。但是，总是保持双足行走的动物只有鸟类和人类而已。

　　即便都是双足行走，鸟类和人类的姿势也有很大不同（图8）。人类的髋关节和膝盖都是笔直的，能够支撑我们站起来，而鸟类的髋关节和膝盖都是弯曲的。如果我们模仿鸟类的姿势，那就变成用脚掌支撑身体、膝盖弯曲、屁股向后撅了，实在是不太雅观。人类与鸟类的姿势有这么大的区别，身体的运动方式自然也就相去甚远了。

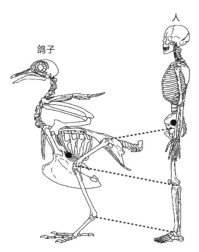

图8 鸽子（左）和人（右）的骨骼图。虚线连接的是相同关节，可以看出鸽子的膝盖弯曲，并且用爪子支撑着身体。黑点表示的重心在人身上接近髋关节，而在鸽子身上接近膝关节

例如，我们人类是以髋关节为中心，通过大幅度移动整条腿来行走，而鸟类则只是大幅移动膝盖以下的部分。这个区别产生的原因，在于鸟类和人类姿势不同引起的身体重心的位置差异。人类站立时，身体的重心在腰附近，因此以腰为中心移动整条腿更容易保持平衡。而鸟类为了扇动翅膀必须具备强壮的胸肌，胸肌占据了身体重量的绝

大部分，因此鸟类身体的重心在胸附近。这意味着鸟类身体的重心更接近膝盖，移动膝盖更容易保持身体的平衡。

我们再来看看恐龙的姿势。它通常被认为是鸟类的祖先，在人类的复原下，可以看到恐龙是以非直立（脊柱接近水平方向）、膝盖轻微弯曲的状态行走的。这个姿势和鸟类更为接近，但是恐龙似乎和鸟类又不一样，它是以髋关节为中心，通过移动整条腿来行走的。那么，为什么鸟类和恐龙的姿势如此接近，它们的走路方式却截然不同呢？这是因为它们身体重心的位置不同。恐龙没有鸟类那样强壮的胸肌，却拥有肌肉发达的长尾巴。所以，恐龙身体重心的位置比鸟类更靠近尾巴，正好在髋关节附近。据此我们认为，恐龙虽然身体是非直立的、膝盖也是弯曲的，但是它们是靠大幅移动髋关节来行走的。

因此，决定双足行走时身体运动方式的要素为体形、姿势以及重心位置这几点。

行走与跑步

我们不仅会行走，还会跑步。

这两种运动方式都是双脚交替向前，只是运动的速度不一样，大家普遍认为跑步要比行走更快一些。

那一起来想象一下，如果我们开始行走，并且逐渐加速，会发生什么呢？我们可能会将速度提升到极限，一直保持快速行走，还有可能走着走着就跑起来了。这么一看，行走和跑步并不会随着速度提升自然切换，而是取决于运动的人，人想切换运动方式时自然就切换了。另外比起慢跑，也许快走的速度会更快。

那么，怎样区分"行走"和"跑步"呢？我们都知道，竞走比赛当中有一条规则，就是双脚不能够同时离开地面。竞走，就是比赛快速行走，而"双脚不同时离开地面"正是人类行走的重要特点（图9）。

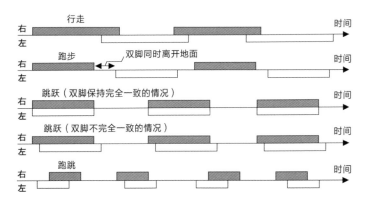

图 9 常见双脚运动的示意图。白色代表左脚接触地面的时间、灰色代表右脚接触地面的时间。行走和跑步时左右双脚交替接触地面，跳跃时几乎是同时接触地面[1]

---

1 译者注：图 9 中的跳跃代表"hopping"，指单纯的双腿并拢跳跃。跑跳代表"skipping"，指双腿交替蹦跳着向前走，后文将详细提到。

从能量转化角度看行走与跑步

我们平时会无意识地根据所需的速度选用"行走"或"跑步"两种方式。悠闲的时候选择走路，着急的时候就选择跑步。不过，想要的速度比较微妙时，也许我们就会愿意在快走和慢跑中，选择那个不容易累的方式。感到累，就代表能量转化效率低。这就是行走和跑步的另一个区别。

我们请实验人员在跑步机上行走或跑步，在这个过程中让他们逐渐提速，再测量、记录他们在不同速度下的能量消耗，如图 10 所示。纵坐标表示能量转化效率，即单位距离下的能量消耗量。能量消耗量数值越小，转化效率越高。

当速度从 1.1 m/s（约 4 km/h）开始逐渐提升时，行走的能量转化效率逐渐降低。而跑步的能量转化效率在速度为 1.7 m/s（约 6.1 km/h）时达到顶峰，速度高于或低于这个数值时，能量转化效率都会降低。这里我们需要注意的是，

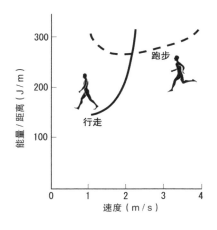

图 10 人类在不同的速度下行
走与跑步时能量消耗的变化

速度低于 1.7 m/s 时，跑步的能量转化效率会降低。

当速度在 2.2~2.5 m/s（8~9 km/h）时，行走与跑步的函
数图像相交，之后跑步的函数图像位于下方。图像在下方，
代表能量转化效率高。因此，当速度小于 2.2~2.5 m/s 时，
行走的能量转化效率更高；而当速度大于 2.2~2.5 m/s 时，
跑步的能量转化效率更高。我们在着急的时候不会一直快
走，而是会选择跑步，这个行为从能量转化效率的角度来
看是十分合理的。

人类在行走与跑步时，身体的动作本来就是有区别的。

人类在走路时和倒立摆非常像，是动能和位置势能高效转化的运动。而跑步则是动能和弹性势能发生转化的运动（图11）。

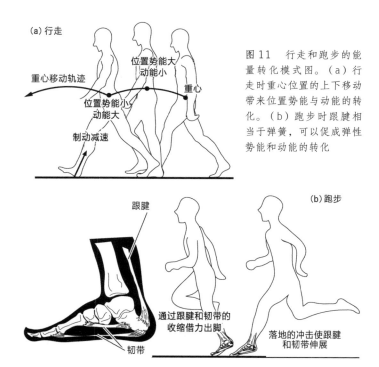

图11　行走和跑步的能量转化模式图。（a）行走时重心位置的上下移动带来位置势能与动能的转化。（b）跑步时跟腱相当于弹簧，可以促成弹性势能和动能的转化

　　行走时，脚跟着地受到的冲击力起到了制动作用，速度降低，而减少的动能有一部分则被用来提高身体的重心。当人再次迈步时，重心降低，位置势能又转化为动能，帮助人前进。因此我们说，行走是动能与位置势能相互转化的运动。

　　而跑步不一样，落地后踝关节弯曲时，与脚跟相连的跟腱及足底韧带都会像皮筋一样伸展。伸展后的跟腱和韧带需要收缩，这部分弹性势能就可以在下一步出脚时帮助脚踝关节进行伸展。因此，跑步是动能与弹性势能相互转化的运动。

为什么我们不选择单腿跳或跑跳

说起来，除了走路和跑步，我们还可以选择单腿跳或跑跳等运动方式。

跑跳，是按右、右、左、左、右、右、左、左的规律落脚来跳。而单腿跳就是只用一条腿一直跳。也许大家小时候都玩过，但是长大后不知道为什么我们就不再跑跳或单腿跳了。

为什么我们平时不会选择单腿跳或跑跳呢？试着做做就知道答案了——实在是太累了。感到累意味着能量转化效率低。由于某些原因，仅仅一条腿没办法持续提供前进所需的足够力量。既然能量转化效率低，那么总要有其他优势才值得做。跑跳有什么优势呢？比起走路它稍微快一些，但是如果追求速度的话，还是直接选择跑步更好。总之，跑跳和单腿跳几乎没有什么优势。

　　然而，孩子们好像十分喜欢这些运动。我读过相关的论文，里面认真探讨了为什么儿童喜欢跑跳，给出的结论是跑跳能够带来更强烈的刺激感，使人更快乐。这样问题就解释通了——跑跳确实更刺激有趣。

　　不过，我有时认为人感到快乐的时候，也许会更愿意跑跳。甜蜜的小情侣，真的是因为追求刺激才选择跑跳的吗？是跑跳带来了快乐，还是快乐让人选择跑跳？这本来就说不清楚。孩子们沉迷玩耍的时候根本感觉不到疲惫，恋爱中的年轻人也是一样。在那个充满活力的年纪，想必疲惫根本不能阻碍他们跑跳和单腿跳的步伐。

鸟类的行走、跑步与跳跃

鸟类和人类一样是双足行走，它们一般采用两种运动方式，一种是双脚交替迈步的行走，另一种是双脚几乎同步的跳跃。大家可以想想鸽子和麻雀，鸽子就是迈着小碎步往前走，而麻雀是两只脚并在一起蹦蹦跳跳。简单来说，鸽子行走，麻雀跳跃。

许多鸟和人类一样，平时步行居多，但着急的时候就会跑起来。想必大家都在电视上见过在大草原上奔跑的鸵鸟或美洲鸵的身姿。如果我们在公园里追赶鸽子的话，它们也会先快走，然后跑起来，最后飞走。在起飞前有一段双脚快速交替运动，也就是跑动的过程。

鸽子与其他"行走"的鸟，像人类一样，平时走路，着急的时候就跑步。在这一点上，人类和鸟类并没有什么不同。在速度与步幅的关系中，人类和鸟类展现出同样的倾向，这就是这种相似最好的证据（图 12。图中所示的鸟类都是经常在地面上行走的鸟，其中鸸鹋和鸵鸟这两种是走禽类动物）。图 12 中阴影位置的附近，图像的斜率出现变化，这代表人类与鸟类都从"行走"转变成了"跑步"。

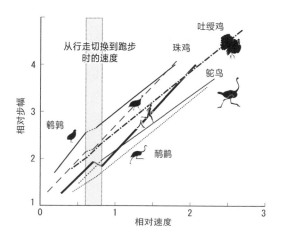

图 12　鸟类与人类提速时，步幅的增长示意图。图中的步幅和速度都是以腿长为标准的相对值。阴影位置图像出现变化，代表从行走切换成了跑步

　　之前提到，"两只脚是否同时离开地面"可以作为区分人类行走与跑步的标准，但是鸟类的情况稍微有些复杂。这是因为它们在慢跑的时候，并不会双脚同时离地。等等，双脚不同时离地的跑步，真的能称为跑步吗？想必大家会有这个疑问，研究人员也不例外，于是做了一些相关研究。本章提到，"行走"和"跑步"之间有很多区别，包括运动效率、能量转化方式、双脚的运动方式（也就是肌肉的活动方式）等。目前已经证实，鸟类在以上各方面都满足跑步的条件时，依然会出现双脚不同时离地的现象。因此得出的结论是：鸟类有时跑步不会双脚同时离地。

　　这个区别来自人类与鸟类不同的基础姿势。前文提到，人类是直立姿势，而鸟类的髋关节和膝盖是弯曲的，靠爪子支撑身体。鸟类的双腿是弯曲的，所以努力迈步的时候要花些时间才能把腿伸直。如果不把腿伸直的话，它们的脚就离不开地面，于是就出现了鸟明明在跑步，但是双脚却没有同时离开地面的情况。

腿部末端纤长

鸟类和人类双腿的形状也完全不一样。

鸟类的跟腱和韧带都比我们人类的更长。这与鸟类腿骨，特别是腿骨末端长有极强的关系。鸟类和人类一样，大腿和小腿靠近膝关节的部分肌肉更多，而越靠近身体末端肌肉就越少，变成了纤细的肌腱。我们看看自己的腿就能明白，大腿和小腿肚上有许多肌肉，但是越靠近脚踝，腿就越细。鸟类的腿只是脚踝附近和脚掌部位更长了而已。

腿的末端变长，不仅能让整条腿更长，还能让腿的末端更加纤细轻盈。双腿变长，步幅就会变大，跑步速度也会加快。然而双腿变长也会使重量增加，对运动十分不友好。我们愿意双腿变长，却不愿意它们变重。因此，想要两全其美，就只能让肌肉量少、相对较轻的末端变长。当然，即便这样腿还是会变得重一些，但是因为大腿根部肌肉更

多，所以依然能够保证腿部的重心在距离躯干较近的位置
上。这样，哪怕双腿变长了，也还是能够快速摆动。

脚踝变长，跟腱会跟着变长，跑步时的能量转化效率
也会更高。步幅变大、腿的动作变快、能量转化效率更高，
这都是好事儿。因此，奔跑速度快的动物，腿部末端都比
较长。除了走禽类，马和鹿等哺乳类动物同样拥有末端纤
长的腿。

鸵鸟的脚和腿

走禽类动物，有它们独有的特征。

走禽类动物的代表有鸵鸟和鸸鹋等，当我们观察它们的脚尖时（图 13），会发现它们的脚趾短小，数量也少。许多鸟的脚趾是前面三根、后面一根，但是鸵鸟只有第 3和第 4 趾（鸟类的脚趾中，朝后的脚趾是第 1 趾，前趾从内向外依次是第 2~4 趾）两根脚趾，且都是朝前的。鸸鹋有三根脚趾，分别是第 2、第 3 和第 4 趾，但也是又短又粗。这种形态的脚，隐藏着"奔跑"的秘诀。

图 13　鸵鸟和鸸鹋的脚趾。鸵鸟（左）只有第 3 趾和第 4 趾，鸸鹋（右）有第 2、第 3、第 4 趾。左脚上的数字代表脚趾的序号

首先，鸟的第 3 趾最为强壮，它面向正前方，可以提供推进力，十分重要。这就和我们人类的大脚趾长得最强壮的原因是相似的。鸵鸟和鸸鹋的块头都比较大，要想快速奔跑，就必须用力蹬地。因此，强壮的第 3 趾是不可或缺的。

那么，鸟类脚掌上的第 2 趾和第 4 趾有什么作用呢？以往的研究显示，这两个脚趾主要是用来保持左右平衡的，这一点很容易理解。有趣的是，内侧的第 2 趾和外侧的第 4 趾相比，外侧的第 4 趾更加重要。而且，奔跑的速度越快，第 2 趾和第 4 趾的重要性就越低。

从这些特点上看，鸵鸟似乎比鸸鹋更适合快速奔跑。因为越是适应快速奔跑，第 2 趾和第 4 趾的重要性就越低，而第 4 趾要比第 2 趾稍微重要一些，所以仅仅拥有第 3 趾和第 4 趾两根脚趾的鸵鸟确实应该跑得更快些。

涉禽类的大长腿

说到腿长的鸟，不得不提的还有鹤、火烈鸟、鹭鸶等。虽然它们的亲缘关系并不是很近，但是它们的腿都又细又长。

我们一般把这些鸟叫作涉禽类动物。"涉"，有过河或者沿水边走的意思。这些鸟爱把脚尖浸在水里，在水里边走边找小鱼小虾之类的食物吃，所以叫作涉禽类动物。

虽然涉禽类和走禽类一样，都有一双大长腿，但是涉禽类的长腿是为了适应水中行走才进化而来的。这个我们一看就能明白，鸵鸟的腿粗壮结实，而涉禽类的腿却纤细修长。另外，涉禽类的鸟脚趾都很长（图14），其中火烈鸟之类的蹼也很发达。有了长长的脚趾和发达的蹼，鸟的体重就被分散了，所以它们在湿地等泥泞的地方也可以正常行走，不至于陷进去，就像穿了天然的木屐一样。

当然，涉禽类动物也会跑步。但是总体来说，走禽类动物擅长快速奔跑，涉禽类动物擅长在水边生活。而它们之间的习性差异，就体现在它们各自大长腿的细微特征中。

图 14　伫立在湿地上的青鹭（左）和长脚鹬群（右）

奇异鸟的阔步走

不同种类的鸟之间不仅腿的形状有区别，走路的方式也不一样。

奇异鸟是新西兰特有的鸟。它分属鸵鸟目食火鸟科，目前共有 6 个亚种，都濒临灭绝。奇异鸟的大小和家鸡差不多，不会飞，且由于是夜行性动物，视力退化到了基本看不见东西的地步。但是，它们的嗅觉和触觉十分灵敏。奇异鸟长着像猫一样的长胡须，胡须为它们提供了良好的触觉，帮助它们一边行走一边寻找昆虫、蚯蚓、小野果等食物。

虽说奇异鸟是鸵鸟目动物，但是它的大小和骨骼形态与鸵鸟和鸸鹋完全不一样，就连走路方式也不一样。鸵鸟和鸸鹋提速的方式是提升步频，而奇异鸟更倾向于扩大步幅。当奇异鸟提速时，它们就会阔步前行。

　　我们来比较一下鸸鹋和奇异鸟的骨骼（图 15）。鸸鹋的髋关节在身体的前半部分，接近身体的重心位置。因此，鸸鹋的大腿骨与身体几乎垂直。与此相反，奇异鸟的髋关节在身体的后半部分，因此长长的大腿骨几乎是平行于身体朝前方伸展的，再通过将膝关节放到重心位置附近，来支撑整个身体。

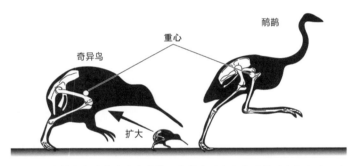

图 15　奇异鸟和鸸鹋的走路姿势。奇异鸟（左）和鸸鹋（右）相比，走路的时候腿部更弯

　　因此，鸸鹋在走路的时候腿部关节处于相对伸展的姿势，而奇异鸟走路时和其他大部分鸟类一样，腿部关节处于极度弯曲状态。

　　走路时腿部伸展的情况下，要想提速，提升步频的方式更为有效。因为本来的步幅就已经够大了，很难再扩大步幅。相反，奇异鸟的腿是弯曲的，本来的步幅很小，所以它可以努力伸直双腿阔步行走，通过扩大步幅的方式提高步行速度。

　　毫无疑问，作为鸟类，鸸鹋才是特殊的那一个。我们从扩大步幅和提升步频的角度再看一遍图 12，会发现鸵鸟和鸸鹋的曲线在珠鸡和吐绶鸡的下方。这意味着，在相同的速度下，鸵鸟和鸸鹋的步幅相对来说更小。此外，人类也和这些走禽类动物一样，曲线在下方。这意味着，人类提速时步幅的扩大情况与鸵鸟和鸸鹋更为相似。

企鹅走路摇摇晃晃

说起两条腿走路的鸟，一定不能忘了企鹅。它们在冰面上迈着两条腿摇摇晃晃走来的样子，实在是太可爱了。而企鹅在水里无拘无束、游得飞快追捕小鱼的样子，给人的印象则完全不同。

不过，企鹅的走路距离却意外地长。因为需要在陆地上收集石头筑巢，所以企鹅必须要能够走到自己的巢穴。一般来说，企鹅的繁殖基地都在距海岸线几百米以内的地方，但是也有超过 3 km 的情况存在。一想到企鹅们排成长队，摇摇晃晃地走 3 km 的样子，就让人忍俊不禁。

3 km，对于我们人类来说都是一段不短的距离。企鹅真的会摇摇晃晃地走这么远吗？它们的走路方式看起来效率实在是太低了，应该会非常疲惫吧。

有的研究计算了企鹅行走时足部发力及消耗能量的情

况，结果表明，企鹅行走时的能量转化效率跟看起来一样低。想必大家都认同这个结论，那我们接下来认真讨论一下到底为什么会这样。

当我们提到企鹅行走，最先浮现在脑海里的就是它们独特的姿势。企鹅看起来是双腿站立，只不过腿非常短。它们就像穿着燕尾服一样，看起来像滑稽的小丑。

然而，从严格意义上来说，企鹅并不是"站着"的。图 16 是企鹅的骨骼图，我们可以发现，它的髋关节和膝关节弯曲明显，和人类"蹲着"的状态相似。也就是说，企鹅是一种一直在蹲着的动物。就连走路的时候，企鹅也是蹲着的。各位可以试试蹲着走路，恐怕也会和企鹅一样走得摇摇晃晃的。蹲着走路是企鹅形态上的秘密。

在此基础上，我们是不是可以认为企鹅走路能量转化效率低的原因在于身体横摆和旋转的程度非常大呢？在走路前进的时候，横摆和旋转怎么看都是毫无用处的运动。然而有研究表明，企鹅如果不横摆的话能量转化效率只会更低。前文提到，双足行走的动物靠动能和位置势能的高效转化提升能量转化效率，而企鹅的这种能量转化，似乎是在横摆动作中完成的。

图16　企鹅的样子和人类十分相似，在山手线的站台上排队都不容易被注意到（右）。然而，如果看骨骼图（左）的话，大家就能发现企鹅是蹲着的，很容易和站立的人类区分开

小短腿是最优解?

那么，企鹅走路效率低的原因，只能在于它的身体形态和走路姿势了。

企鹅的腿非常短。举个例子，现代企鹅中最大型的帝企鹅体重约 20 kg，和栖息在澳洲的走禽类动物美洲鸵差不多。然而，它们的腿长相差甚远，美洲鸵的髋关节大约 80 cm 高，而帝企鹅只有约 30 cm。体重相似，腿长还不到人家的一半，那么步行效率低也是正常的。本章也已多次提到过，一般来说腿越长，步行速度就越快，能量转化效率越高。企鹅的小短腿和下蹲的姿势，对走路来说十分不友好，这是谁也否定不了的事实。

企鹅的小短腿，也许是为了适应极寒气候，防止体温散失。虽然也有个别企鹅生活在热带，但是对于大部分生活在极地的企鹅来说，防止体温在水中和地面散失，绝对是最重要的课题。如果四肢末梢过长，表面积与体积的比例就会增加，体温也会散失得更快。因此，越是适应寒地气候的动物，耳朵等突出部分就会进化得更小。

虽然企鹅出乎意料地要走不少路，但它们毕竟是要在极寒之地游泳的鸟。为此，企鹅也不得不进化出小短腿和下蹲的姿势。为了弥补这两个劣势，企鹅只好左右摆动身体摇摇晃晃地走路，用这个方式提升能量转化效率。

蹦蹦跳跳的小鸟们

　　在双足运动中，鸟类会用人类不会采用的前进方式，就是跳跃。跳跃是种非常麻烦的运动，为什么会有鸟儿喜欢跳跃，确实有点难以理解。

　　前文提到过，跳跃就是双脚同时起跳的运动。常见的鸟儿当中，麻雀和绣眼鸟等小型鸟类喜欢跳跃（图 17），乌鸦在着急的时候也会跳跃。麻雀是双腿同时跳跃，也有一些鸟在跳跃的时候双腿会稍微错开一点。比如大嘴乌鸦，就会稍微倾斜身体，左右腿稍微错开一些，用"蹬蹬、蹬蹬……"的节奏跳跃。这两种跳跃方式的本质区别人类目前还不了解，甚至跳跃和跑步的区别到底在哪，相关研究人员也可以说是一筹莫展。

图 17　麻雀的跳跃。左右腿的着地时间几乎相同（照片③，差距约 1/120 秒）

　　喜鹊既会跳跃，又会跑步。有的研究对照了喜鹊跳跃及跑步时的动作，结果发现，两种条件下腿部和肌肉的运动方式完全相同。跳跃和跑步一样，也是鸟类在高速运动时采取的方式，它充分利用了跟腱的弹性特征，是一种动能与弹性势能相互转化的运动模式。二者之间的区别，可能仅仅在于跑步是双腿交替运动，而跳跃是双腿同时运动。

　　既然跳跃和跑步之间的区别只有腿部运动的时机不同，那么为什么只有一部分鸟类会采用跳跃的运动模式呢？

　　这个问题还没有得到科学的解释，但是目前学界基本达成的共识是，采用跳跃这种运动模式的鸟，一般都是比较小型的鸟或者是树栖鸟类。我们平时观察众多的鸟类可以发现，的确是小型的鸟更喜欢跳跃。而树栖鸟类从一根树枝跳到另一根树枝时，双腿往往要同时跳跃，所以在地面的时候也就采取了同样的模式，这一点相信大部分人都能够理解。

　　然而，小鸟们为什么不能在树上跳跃，到了地面就走路呢？它们没有采取这样的方式，可能是身体构造和生理方面的原因，但是这个问题还没有被研究明白，依然是个谜。

　　至于小型鸟喜欢跳跃，可能有一部分原因是跳跃比较适合高速运动。大型鸟比小型鸟的步幅大，一般来说它们的步行速度也更快。如果小型鸟想和大型鸟用同样的速度前进的话，就必须走得特别急。人类也是一样的，小孩子要想追上大人的走路速度，就得一溜小跑，我就在大街上看到过这样的场景。小型鸟也一样，它们一定也有高速运动的需求，当然这个高速是与它们的身体大小相对而言的。

　　想象一下鸽子和麻雀在地面上啄食谷物种子的画面。种子的密度明明一样，鸽子只要走几步就能找到下一个种子，而小小的麻雀就感觉要走上好远才能到达（图 18）。如果是这样的话，那么麻雀肯定要急着快点走过去。

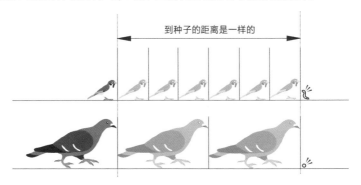

到种子的距离是一样的

图 18　假设种子在 2 个鸽子体长的距离之外。对于小小的麻雀来说，这个距离却是自己体长的 6 倍，要走很远才能够吃到食物

麻雀竟然也会迈小碎步

钟爱跳跃的代表选手——麻雀，实际上也会走路。

我曾经做了个实验，让各种小型鸟在斜坡上运动，当时偶然拍到了一只小麻雀走路的样子。斜坡由木头制成，倾斜角度是 30 度。小麻雀飞到斜坡上后，为了接近斜坡上的饵料箱，竟然走了起来！距离大约是 20 cm，它走了 3 步就到了。

这表明，麻雀也有迈着小碎步走路的能力，而且它们真的会这么做。虽然我们不知道麻雀平时不选择走路的原因，但是它们想走的时候还是可以走的，而且在斜坡这种特殊条件下，它们会自发地选择走路，这个事实本身十分值得关注。不过必须要承认，我当时录像录了几个月，只见过一次麻雀走路，所以麻雀基本上不会选择走路。虽然能走，但一般不走。

*

到目前为止，本书介绍了双足运动的不同模式，以及每个模式下的诸多未解之谜。下一章中，我们将探讨鸟类双足行走的最大谜团——摇头晃脑走路的秘密。

专栏　间子的七大奇迹

有一天,我接受了电视节目的采访。内容与麻雀有关,据说他们竟然发现了走路的麻雀。"什么?!"我一时间怀疑自己的耳朵。据说是在日本兵库县中町(现在是多可町的一部分)有个叫间子的地方,传说间子有七大奇迹,其中之一就是"间子的麻雀都爱走路"。

记者说:"貌似间子从前湿地比较多,不方便跳跃,所以麻雀才变成了迈着小碎步走路。"

如果这是事实的话,那么以下几点就十分值得研究。

首先,地面的状态有可能会影响麻雀的运动。走路和跳跃时,腿部都会运动,从而给地面施压,那么地面的状态的确可能会影响到运动模式。地面处于湿地这样的稀软状态时,走路也许比跳跃更容易一些。虽然这一点还需要认真确认,但可能性非常大。

其次，只有间子地区的麻雀种群才走路，这或许是因为基因的影响。从前间子地区的麻雀通过在湿地上活动习惯了走路，湿地减少后它们依然保留了这个习惯，很有可能是这一特征已经印刻在了它们的基因里。

我希望亲眼找到事实真相，所以计划找个时间造访间子。如果有住在间子附近的读者，请一定要帮我仔细观察一下。

不过，我有时候也觉得就让传说保持着神秘感，供大家一乐即可。不管怎么说，仅有的七大奇迹中竟然包括麻雀走路，这也太了不起了。我还曾经发誓，以后再也不会想着到间子地区一探究竟了。

3

鸽子为什么摇头晃脑

醉心于研究摇头晃脑的人们

醉心于鸽子摇头晃脑这件事，绝不是最近才兴起的风潮。相关研究的历史意外地久远，最早可以追溯到 1930 年，英国的道拉普和莫拉第一次用 30 帧率的摄像机从侧面记录下了鸽子走路的样子。

各位千万别以为："什么呀，不就是录了个像吗？"虽说现在是一个用手机和数码相机就能轻易拍出高画质视频的时代，可就算是我小时候那会儿（20 世纪 80 年代），一般家庭都是没有摄像机的。偶尔在街上碰到电视台录像，我和小伙伴们都要抢着上镜。而 1930 年比这时还要早上半个世纪，大家可以想象一下当时的情况。

世界上第一台连续摄影装置是 19 世纪末由摄影家爱德华·幕布里奇发明出来的。它是一个大型装置，原理是连续摆放多台照相机依次拍照。有了这个装置，科学记录运动才成为了可能。

后来，摄影装置不断更新迭代，对运动的研究也进行得如火如荼。可是 1930 年时，人类的步行研究也不过才刚刚起步。在那样一个时代，居然有两人专门对鸽子的运动进行研究，一定是因为他们对鸽子的摇头晃脑有着非比寻常的兴趣。

试图保持头部静止的小鸟们

　　两人的热情促成了世界上第一个鸽子行走视频的出现，同时揭开了一个令人震惊的事实——鸽子走路的时候其实一直在试图保持头部静止不动！鸽子一走路，它的身体就会按照一定的速度向前移动。身体前进的时候，为了保持头部静止不动，鸽子只好缩起脖子。当脖子缩到一定程度的时候，鸽子就要一口气伸出脖子来把头送出去。这个动作不断重复，就构成了鸽子走路时摇头晃脑的状态（图 19）。

　　那么，鸽子究竟为什么要保持头部静止呢？

　　保持头部静止，听起来像是个别情况，但实际上不止鸽子，很多鸟儿都会尽量这么做。几年前，有一个家鸡的视频在某个动画网站火了，视频中的人用手拿着鸡摆弄它，可是无论怎样摆弄，鸡头都一动不动。鸡任凭人把自己的身体前后左右摆动，但鸡头就像是凝固在了空气中一样，一直是静止的，就像计算机生成的图像（CG）一样，实在是不可思议。不过，很多鸟类在现实中都会这样做。

　　道拉普和莫拉在 1930 年的论文中率先实施了这个有趣的实验。他们不仅对鸽子录了像，还确认了鸡和鸭的头部在其身体被人上下左右摆动时依然会保持静止状态。也许大家会觉得这两个人有点走火入魔了，但他们的确得出了十分有价值的结论。鸡在身体前后摆动时可以保持头部静止，而鸭在身体上下移动时可以保持头部静止。大家都知道，鸭子漂浮在水面上的时间很长，它们会随着水波上下浮动。道拉普和莫拉推断鸭的行为是因为需要适应这种日常的状态。这个解释倒是十分合理。不管怎么说，至少鸽子和鸡等鸟类会刻意保持头部静止，为了在走路时也达成这个目的，它们必须摇头晃脑。

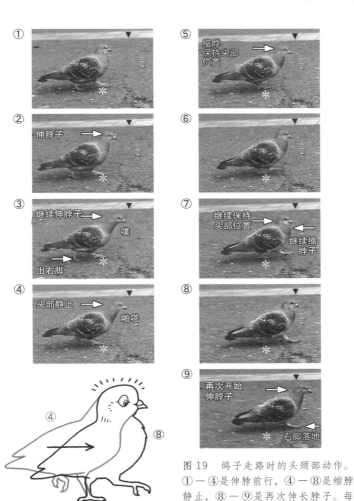

①

② 伸脖子 →

③ 继续伸脖子→ 噗
出右脚 →

④ 头部静止 → 啪嗒

⑤ 缩脖保持头部位置 →

⑥

⑦ 继续保持头部位置 → ← 继续缩脖子

⑧

⑨ 再次开始伸脖子 → ← 右脚落地

图19　鸽子走路时的头颈部动作。①—④是伸脖前行，④—⑧是缩脖静止，⑧—⑨是再次伸长脖子。每张照片间隔 1/30 秒。照片中的▼表示同一个位置，＊表示左脚

箱中的鸽子实验

　　下一个问题是，为什么鸽子要保持头部静止呢？道拉普和莫拉的论文问世将近半个世纪后，英国的弗里德曼在1975年做了个漂亮的实验，解决了这一问题。在进行实验之前，他对引起摇头晃脑的条件提出了三种假说。

　　一是鸽子眼中的场景出现变化。场景的变化会对鸽子造成刺激，从而引起摇头晃脑。二是鸽子在发生位移时感知到了加速度，从而开始摇头晃脑。三是鸽子双腿和颈部的运动之间有某种机制上的联系，因此，当鸽子走路时脖子也会动。

　　为了确定这三种假说中哪一个才是真正的原因，弗里德曼把一只灰林鸽放进箱子里，让它在不同的条件下行走。首先，他没有施加其他任何条件，只是把鸽子放到箱子中让它走路。鸽子在箱子里，像往常一般摇头晃脑。确认这一点后，他进行了图 20 所示的实验。

图 20（a）用连接到天花板上的棍子把鸽子的背固定住，并在箱子下安装了脚轮。因为鸽子被固定住了，所以它走路的时候不会发生位置变化，反而箱子会向后移动。鸽子从整体空间上来说并没有发生移动，但是有走路的动作，而且箱子移动的时候鸽子眼中的场景也会出现变化。结果，鸽子摇头晃脑了。这说明，如果有走路的动作和场景的变化，鸽子就会摇头晃脑。

图 20（b）中鸽子的背部依然被固定住了，而且鸽子脚下也被固定住了，只有箱子的几个侧面在动。鸽子这回完全被固定住了，没办法走路只能静静待着。不过，因为箱子的侧面在动，所以在鸽子眼中，四周的场景发生了变化。结果，这一次鸽子也摇头晃脑了。这说明，即使不走路，只要场景变了，鸽子也会摇头晃脑。

到目前为止，实验似乎已经可以证明鸽子摇头晃脑的原因是受到了视觉刺激。但为了稳妥起见，我们继续看看其他刺激能否引起鸽子摇头晃脑。图 20（c）中的鸽子和箱子侧面都被固定在天花板上无法移动，但脚下的地板能够移动。在这个状态下，鸽子走路就像是人类在跑步机上走路一样，只有脚下的地板在动。虽然鸽子一直努力在走，但是只有地板动了，鸽子自己不会动，场景（箱子四壁）也不会动。结果，鸽子没有摇头晃脑。这说明，走路这个动作本身，并不会引起鸽子摇头晃脑。

最后，实验通过限制鸽子本身的运动，来确认空间移动对它造成的影响。图 20（d）是鸽子跟着箱子共同移动的实验。鸽子站立不动，没有步行动作，箱子中的场景也跟着鸽子一起移动，不发生任何变化。但是，从整体空间上来说，鸽子是向前运动的，内耳的 3 个半规管能够感受到加速度。结果，鸽子没有摇头晃脑。这说明，空间移动不能引起摇头晃脑。

这下问题就全部解决了。不是因为腿动，脖子就要跟着动；也不是因为感受到了身体移动，所以脖子跟着动；是因为眼中的场景变化了，所以鸽子才会摇头晃脑。

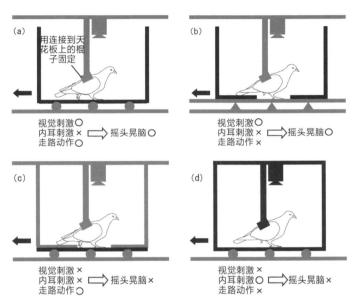

图 20　弗里德曼的实验。黑色线条勾勒的部分可以移动，灰色的部分只能静止。箱子下方的小圆圈是脚轮，可以帮助箱子或地板顺利移动。三角形代表地板被固定住，无法移动

头部动作和眼部动作

　　眼中场景发生变化的时候，鸽子就会摇头晃脑。详细来说就是，当周围的场景相对于鸽子发生运动时，鸽子为了让自己的头部与场景保持相对静止，会选择摇头晃脑。这意味着它们是在用眼睛追着场景走。

　　用眼睛追着场景走，人类也经常这么干。只不过，我们不会像鸽子一样摇头晃脑。举个例子，当我们从电车或公交车上望向窗外流动的景色时，眼睛会忙着滴溜溜地转着，以锁定溜走的景色。人类眼睛的这个动作，和鸽子的摇头晃脑有相同的意义。

　　为什么我们要追着周边的场景看呢？为了更好地解决这个问题，大家先来了解一下动物用眼睛视物的流程。

　　我们望向某种物品或景色时，光会透过眼睛的晶状体，在眼睛内侧的视网膜上成像，并且刺激视网膜细胞。这个刺激会变成电信号，通过视神经传递到大脑，在经过大脑一系列信息处理后，我们就能辨认出这种物品或景色。这和数码相机的工作原理相似，光通过镜头后，感光元件会把它转换为电信号，呈现在屏幕的画面中。

那么，一边移动相机一边拍照，会发生什么呢？是的，照片会"模糊"。我们的眼睛也是一样，当眼中的场景发生变化时，视网膜上的影像就像手抖时拍出的照片一样模糊不清。因此，当我们欣赏公交车或电车窗外流动的景色时，为了减少影像的模糊，眼睛会无意识地追着景色运动。

人类视线向前，鸽子视线向两侧

人类在看车窗外的景色时，眼睛会滴溜溜地转。但是，人在正常走路的时候却不会摇头晃脑，眼睛也不会转动得特别明显。这是为什么呢？

最主要的原因，是人类和鸽子视线的方向不同。鸽子和人类相比，视线是朝向侧面或斜前方的，而我们人类的视线朝向正前方（图 21）。

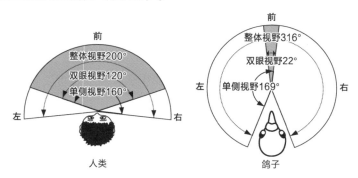

图 21　人类（左）和鸽子（右）的视野的比较

视线的朝向不同，可视的范围就不同。人类单侧的眼睛大约拥有 160° 的视野，左右眼视野重叠的部分大约有 120°，所以我们全部的可视范围在 200° 左右。鸽子单侧眼睛的视野大约是 169°，和人类相差无几，但是它们的整体视野要宽阔得多，达到了 316°。大家看图就能明白，鸽子几乎可以看到除了正后方之外的任何地方。它们双眼之间视野重叠的部分非常小，只有 22° 左右。

看得最清楚的地方是？

视线朝两侧的话，当然是两侧看得更清楚。

而我们人类是视野的中间部分看得最清楚，想必大家都有经验。虽然视野边缘也能看到，但是看得最清楚的还是视野的中间部分。这是因为负责成像的视网膜的中间有一个叫作"中央凹"的地方，这个地方视细胞集中、密度高，就和数码相机的像素高是一样的，能够感知更详细的光学信息。

连接中央凹和瞳孔的线叫作视轴，人类的视轴几乎朝向正前方，而鸽子的视轴朝向侧面（图 22）。当然严格意义上来说，鸽子眼睛里用来接收正前方景色的位置视细胞同样很集中，所以鸽子除了视轴方向的事物之外，正前方的事物也看得十分清楚。鸽子要先用眼睛找到谷物种子等食物，才能用嘴去啄食，看不见正前方会给它们带来很大的不便。

　　不过，鸽子看得最清楚的还是左右侧面。当鸽子或者其他鸟类想要专注地看某些物体时，会用单侧眼去看，这就是最好的证据。

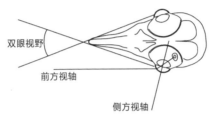

图 22　鸽子的视轴。虽然前方视轴的分辨率也很高，但是经过中心凹的侧方视轴看得更清楚

看的方向和移动的方向

视轴的方向不同，位置发生变化时眼中场景的移动方式就不同。人类向前走时，眼中的场景仿佛向面前逼近（图23左），就像从视野的中心慢慢向周围展开一样。这时，场景中我们最关注的部分会变得越来越大，但是始终保持在视野中心的附近。虽然它的大小会变化，但是因为位置始终保持在视野中心，所以我们只要看着同一个地方就可以了。

然而，鸟类的眼睛是朝向侧面的，场景的移动方向垂直于视轴。这种情况下，关注的部分会从前向后移动（图23右）。因为关注的部分发生了移动，所以要想看清它，眼睛就必须要跟着动。

人类向前走的时候既不摇头晃脑又不转眼珠的原因，在于我们看的是前方。不过，当我们从汽车或电车望向窗外的景色时，就和鸽子一样看的是侧面了。由于我们此时也是边前进边看侧面，像鸽子走路时一样，所以场景会沿着与视轴垂直的方向移动。这时，我们人类也不得不追着景色看了。

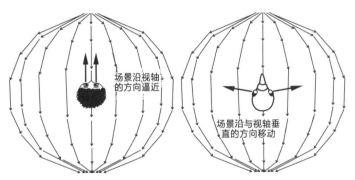

图 23　人类（左）和鸽子（右）前行的时候，眼中场景的移动。视线的方向用粗箭头表示，场景的移动方向用细箭头表示

鸟类的眼睛不会滴溜溜地转

那么，为什么鸟类不会像人类一样滴溜溜地转动眼珠呢？毕竟比起特意地摇头晃脑，动动眼珠可是省事儿多了。

问题的关键在于鸟类眼球的大小和形状。

我们人类的眼球，是像乒乓球一样的球形，完全容纳在眼窝当中。眼球和眼窝中间有发达的肌肉，来帮助转动眼球。肌肉的收缩可以把眼球牵引到各个方向，从而使眼珠滴溜溜地转动。

而鸟类的眼球相对于它们的头部来说十分大（图24）。形状也不是球形，而是更接近扁平状。如果眼睛不是球形的话，那么转动起来自然会更加困难。而且，为了让大大的眼球转动，相关的肌肉也必须十分发达，而鸟类的这些肌肉明显不够发达。

鸟类之所以拥有这么大的眼球，和它们需要在天空中飞翔有很密切的关系。小鸟们需要在天空中飞翔，在树上筑巢、进食，因此对于它们来说，视觉是非常重要的信息来源。

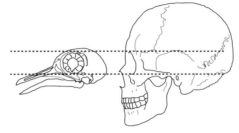

图 24　鸽子（左）和人类（右）的头骨。图中将鸽子和人类的眼窝调成了同样大小。可以看出，和眼球的大小相比，鸽子的头骨真的特别小

　　为了获得更加正确的视觉信息，眼球越大越好。眼球大了，视网膜的面积就会变大，视细胞的数量也会随之增多。数码相机的像素变高，就能拍到更清晰的照片。同样，视细胞越多，就越能看到更多细节。因此，当其他条件相同时，眼球越大看得越清楚。

　　眼球变大的话，牵引它的肌肉也必须更强壮。但是鸟类为了飞翔，必须尽量减轻身体的重量。此外，鸟类飞翔

时身体的稳定性也很重要。如果从身体凸出来的头部太重，那么它每换一次位置，身体重量的分布都会发生很大的变化，因此很难保持平衡。为了避免这种情况，鸟类的头部进化成很轻的样子，偏重的部位都集中在身体的中心附近，从鸟的身材中很容易就能看出这一点。同理，鸟类的下颚没有牙齿，由细长的喙取而代之，也是由于这个原因。

因此，鸟类的眼球普遍偏大，和头部的尺寸十分不匹配，所以它们的眼球没办法像人类一样滴溜溜地转也不是什么奇怪的事情。实际上，鸟类的眼球并不是完全不转，但是和人类相比，这点动作几乎可以忽略不计。

眼球动不了的话，动脖子不就好了

如果鸟类动不了眼球的话，那么就没有办法追着景色看，这是个问题。虽说可以直接放弃观察周围的环境，但是这样一来，鸟类专门进化出的大眼睛就变得毫无意义了。那么，让我们转变一个思路：既然眼球动不了，那动脖子不就好了？动脖子虽然比起动眼珠要麻烦一些，但也并不是什么难事。

幸好，鸟类的脖子又长又灵活。就连颈椎骨的数量都比哺乳类动物多了不少。不知道为什么，哺乳类动物都只有 7 小节颈椎骨，这个数字在进化的过程中从未发生过变化（树懒等个别动物例外）。脖子长长的长颈鹿，颈椎骨同样由 7 小节构成（图 25）。然而，鸟类似乎并不愿意配合这件事，它们颈椎骨的数量五花八门。一般在 12~13 节之间，天鹅更是达到了 23 节。颈椎骨数量这么多，鸟类自然能够十分自由地活动脖子。

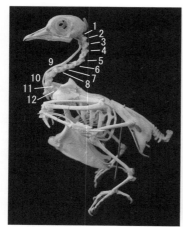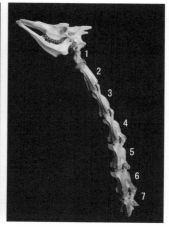

图 25　红顶绿鸠（左）和霍加狓（右）的颈椎骨。颈椎上标注了序号

　　鸟类的脖子到底有多灵活呢？看看它们梳毛的样子就明白了。它们会"嗖"地一下弯起脖子，把嘴巴凑到尾羽根部的皮脂腺上，用喙蹭取皮脂腺分泌的油脂，再把油脂涂抹到全身的羽毛上，边涂还能边把乱糟糟的部分整理好。鸟类的脖子足够长且足够灵活，所以鸟喙才能碰到尾羽根部，以及整理全身的羽毛。

刚才说过，鸟类动不了眼球的话，动脖子就好了。实际上，换一种说法可能更好：既然脖子如此灵活，那就没必要转动眼球。鸟类的眼球之所以能够在头部占这么大的比例，很有可能就是脖子灵活提供的条件。外行人看恐龙的复原图也会发现，鸟类的祖先在获得足够的飞行能力前，就已经有了长长的脖子和小小的头。所以，到底谁是因、谁是果，我也不能下定论。

总而言之，在探讨鸟类摇头晃脑的问题中，最为重要的是以下几点：鸟类是在天空中飞翔的动物，拥有长而灵活的脖子，以及与头部尺寸不相称的、几乎不转动的大眼睛。鸟类正是因为拥有这些特征，才会摇头晃脑地追着景色看。

用摇头晃脑获得深度知觉？

有的观点认为，摇头晃脑除了可以防止视网膜的成像模糊，还具有其他的积极作用。例如，摇头晃脑与深度知觉的获得有关。

深度知觉的获取机制有些复杂，人类的情况是左右眼视物起到了一定作用。我们左右眼的位置不一样，它们在看同一个东西时的角度就略有不同。右眼和左眼轮流闭上，每只眼睛看到的画面大概率会有一些区别。在近处的物体，这区别会更明显；而对于远处的物体，这区别就不会那么大了。这个区别的大小，与深度知觉有关。

那么，鸟类的情况是怎样的呢？前文提到，许多鸟类的眼睛是朝向左右侧面的，双眼视野的重合部分很小。因此，有的假说认为，许多鸟类获取深度知觉的方法是摇头晃脑。前文提到，鸟类摇头晃脑，其实就是在前进中的某一点上看清周围环境后，一口气探头出去，再从另一点上观察周围环境，并一直重复这个过程。其实这就是从不同的地点观察周围场景。在两个不同的地点看到的景象，可以分别当成人类的左右眼看到的景象，所以鸟类的摇头晃脑和人类的双眼视物应该起到了相同的作用。

这个观点还有其他的事实支撑。不仅在走路的时候，飞翔降落前，鸽子也会更加频繁地摇头晃脑。由于鸽子在降落的时候必须要把握好到树枝的距离，所以人们猜测鸽子这时摇头晃脑是为了测距。这种可能性的确非常大，有许多学者都支持这一假说。

摇头晃脑和走路方式

　　到目前为止，我们已经十分详细地介绍了摇头晃脑在视觉方面起到的作用。篇幅可能太长，大家也许都厌烦了，但是鸽子的摇头晃脑还有更有意思的地方。那就是，摇头晃脑和走路方式之间的关系。

　　也许有人想：不对啊，弗里德曼的实验不是已经证实，鸽子走路时不一定会摇头晃脑吗？这个说法也没错，但是仔细想想，他的实验结果并没有证明"走路和摇头晃脑毫无关联"，只是证明了鸽子在不摇头晃脑的时候也可以走路而已。或许，鸽子在摇头晃脑时和不摇头晃脑时的走路方式和能量转化效率完全不一样。弗里德曼的实验并没有探讨这一点，所以这个实验不能证明走路和摇头晃脑是毫无关系的。

　　进一步来说，"场景变化会引起鸽子摇头晃脑"和"摇头晃脑和走路方式有关系"这两个假说之间并不是互斥关系，其中一个假说成立，并不代表另一个假说要被否定。摇头晃脑，既可以是场景变化引起的，又可以和走路方式有关系。然而，回顾鸽子摇头晃脑的研究历史，在弗里德曼的研究之后，摇头晃脑就被定义为视觉性动作，很少有人再去研究它和走路方式之间的关系了。

一步一次的理由

　　再将目光放回鸽子的走路方式上，我们会发现鸽子每走一步只摇头晃脑一次，而且每次的时机都一样。不仅是鸽子，家鸡、鹭鸶等其他诸多鸟儿都是如此。

　　脖子和双腿的运动时机这么固定，只能用两者之间存在联系来解释。

　　脖子和双腿的动作有联系，不仅体现在走直线时，还体现在求偶和变换方向的时候。例如，鸽子求偶时，会边走路边上下点头。此时，头部偶尔会静止不动，而静止的时间，就是迈开腿走一步的时间。

　　我们认为，腿部动作与颈部动作能像这样保持一致，是因为神经控制系统在动物运动时起了作用。

　　不仅是鸟类，很多动物的身体中都拥有许多关节，数量令人震惊，还有牵动关节运动的诸多肌肉。鸽子颈椎骨的数量是 13 节，相关的肌肉大约有 200 块。鸽子需要同时控制 200 块肌肉，让它们带动脖子正确地运动。在走路的过程中保持头部静止也一样，鸽子必须配合场景移动的速度让头部保持相对静止。如果此时需要分别控制每一块肌肉的话，那么无论拥有多么强大的信息处理能力，大脑都很难完成这个任务。

我们人类行走时也是一样的。上了发条的玩偶也许能够做到在平地上单调地行走，但是玩偶一定不会在注意到台阶后适当抬起脚防止摔倒，或者在泥泞光滑的地方注意保持平衡等。而这些事情都是人类在十分自然的情况下瞬间做出的反应。巧妙地控制腿部甚至全身的诸多肌肉，带动身体平稳地向前走路，细想起来竟是如此复杂的工程。

如此复杂的工程，我们是怎样实现的呢？这个问题从古至今都令人感到不可思议。最新研究表明，动物在做像走路这样的周期性运动时，中枢神经系统会同时向一组肌肉传递基本的节奏指令，每一块肌肉都会跟随着这个指令进行收缩。本书不对这个控制系统进行详细说明，但是我们可以用很简单的实验证明身体的运动是由这样的控制系统来支配的。

例如，我们可以尝试用右手和左手同时反复叩敲桌子，会发现很容易做到。右手和左手轮流叩敲桌子也十分简单。然而，如果在右手叩敲桌子 3 次的同时，让左手只叩敲 2 次，会发生怎样的情况呢？想必对于大多数人来说，这是非常难做到的事情。如果左右手是被分别控制的，这件事情完成起来应该比较容易。但是我们尝试后发现，它意外地难。这种动作很难完成的原因，在于中枢神经会向左右手（腕）传递相同的节奏指令，左右手都是根据这个指令进行运动的。

那么，我们是否可以认为鸟类的摇头晃脑与腿部动作也和这个例子一样，受到了中枢神经系统发出的相同的节奏指令的影响呢？的确，让脖子和腿毫无关联地分别运动比较难，反而是协同运动比较简单。这似乎可以解释，为何鸽子走路的时候颈部会配合腿部的动作，每走一步摆一次头了。

一步的长度和一次摇头晃脑

不过仔细想想，我们可以在右手叩敲桌子 2 次的同时，左手叩敲桌子 1 次。在右手叩敲桌子 3 次的同时，左手叩敲 1 次，这似乎也不是什么难事。那么，鸽子是不是也一样，可以每走 2 步动 1 次脖子，或者每走 3 步动 1 次脖子呢？

实际上，我观察到过这样的现象。鹭鸶中的麻鹭和草鹭等在走得特别慢时，每走 2 步只会动 1 次脖子。而黑颈长脚鹬每走 1 步就能动 2 次脖子。可以看出，虽然摇头晃脑要遵循一定的规律，但还是有适当程度的变体。那么，为什么大部分鸟类依然选择了相同的摇头晃脑的方式呢？

一种原因可能是鸟类脖子的移动范围和步幅之间的关系不同。摇头晃脑，本质上是鸟类在前进的同时，脖子配合身体前进的距离进行弯曲，从而使头部和周围环境保持相对静止。如果脖子的移动范围相对步幅来说比较大的话，那么鸟类往前走几步只需要动一下脖子。相反，如果脖子的移动范围相对步幅来说比较小的话，那么鸟类每走一步可能就需要频繁地动（2~3 次）脖子。

步幅大体是由腿长决定的，脖子的移动范围是由脖子的长度和柔韧性决定的。大家通过观察可以发现，脖子长的鸟类，腿一般也不会太短。如果颈长和腿长相差无几的话，那么鸟儿每走 1 步动 1 次脖子是很合理的。虽说动脖子的频率存在诸多可能性，但是更多鸟儿都偏爱每走 1 步动 1 次脖子，想必就是出自这个原因了。

摇头晃脑和重心移动

还有另一种解释，就是为了保持平衡。大家在观察鸽子摇头晃脑时，应该都思考过："它们这是为了保持平衡吗？"我也曾经这么想过。20 世纪 70 年代，有研究人员提出，鸽子通过向前伸脖子带动身体的重心向前移动，将重心更早地放在前足上，以帮助身体保持平衡。不过遗憾的是，并没有人对这个假说进行验证。

为此，我调查了鸽子走路时重心的移动情况。首先，我把死去的鸽子摆成各种各样的姿势，测量出重心位置，再根据结果在视频画面上重现鸽子走路时的重心位置。

结果发现，鸽子在伸脖子的时候重心的确会向前移动，但是移动的距离只有 2~3 mm。因为鸽子的头和脖子太轻了，伸脖子不会对重心位置造成太大的影响。那么这几毫米的变化，到底帮助重心提前了多长时间移动到了前足呢？经过计算，答案是仅提前了 1/60 秒。那么，鸽子通过摇头晃脑帮助重心保持在前足，让行走更平稳的说法，就站不住脚了。

接下来，我又调查了白鹭的情况，它的体形和鸽子完全不一样。白鹭的脖子长长的，是不是对重心位置的影响会更大呢？然而，脖子长腿长的白鹭运动时的重心移动、摇头晃脑的时机、走路方式上都和鸽子没有什么大的区别。

一开始我感到很失落，但是平复心情后想到，这两种鸟之间几乎没有区别，恰恰是非常重要的发现。鸽子和白鹭的腿长和颈长都相差甚远。然而，它们却选择了同样的时机摇头晃脑，这其中一定有十分重要的原因。因此，我再次认真研究了鸟类身体动作和重心位置的关系。结果发现，鸟类头部静止的瞬间和重心移动到前足的瞬间，以及头部开始移动的瞬间和重心离开前足的瞬间，恰好是一致的（图 26）。无论是在腿长的白鹭身上，还是腿短的鸽子身上，这个现象都是完全一样的。

①伸脖子带动头部向前。

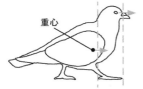

重心

②重心移动到前足时，头部开始静止。

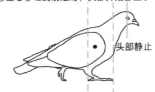

头部静止

③单脚站立时，通过缩脖子
　使头部保持静止。

头部静止

④重心离开前足，鸽子开始伸脖子
　带动头部向前。

图 26　鸽子走路时的姿势和重心
移动情况。重心移动到前足时，头
部（眼睛）刚好静止。单脚站立时，
鸽子缩脖使头部保持静止。当重心
离开前足时，鸽子伸脖子带动头部
向前

头部静止和缓慢前进

需要特别提到的一点是，鸽子在单脚着地的时候，头部是静止不动的。单脚着地时，由于整个身体都靠单脚支撑，所以足部一定会发力，而且重心也会放在脚上，避免失去平衡。另外，由于此时相对于双脚站立时的重心位置更靠上，因此身体处于不太稳定的状态。加上平衡感觉器官（内耳的 3 个半规管），以及与平衡感息息相关的视觉器官都位于头部，所以此时保持头部静止，也许对于维持姿势来说十分重要。换句话说，鸟类缩脖探脖的动作很有可能是为了帮助自己在单脚着地的时候保持平衡。

这样的走路方式，在缓慢前进的时候尤为奏效。走得比较快的时候，就算每一步的稳定性稍微差点，鸟儿也能通过连续的身体运动保持基本平衡。但是走得慢时，步行过程中的每一刻都要保持相对稳定的姿势。

我们在观察鸟类走路时可以发现,腿长的涉禽类尤其喜爱缓慢地走路。有时我们甚至观察不出来在田里寻找食物的草鹭到底有没有在动。山鸡、家鸡还有鸽子这类常见的鸟类偶尔也会走着走着就单腿站立不动了。我们人类肯定不会这样做,但是它对于鸟类来说好像并不是什么难事儿。而这个现象也正好说明,鸟类单脚着地的时候,身体处于相对稳定的状态。

通过摇头晃脑防止身体旋转？

鸽子摇头晃脑的走路方式还有另外一个特点，那就是双脚着地时，头部会向前移动。这意味着双脚通过蹬地获得来自地面的反作用力时，鸽子正在伸脖子。此时伸脖子，有助于减轻脚部蹬地带来的身体旋转。鸟类和人类一样，都是左右各一条腿。因此，当右脚蹬地时，身体的中心（重心）右侧会受力，这股力量会带动身体以重心为圆心进行旋转。而当左脚蹬地时，身体的左侧将会受力，此时身体会朝相反的方向旋转。众所周知，身体的旋转对于向前走没有任何帮助。如果每次蹬地，身体都会不停地向不同方向旋转的话，那么能量转化效率一定会降低，而且身体的稳定性也会变差。

人类也会遇到相同的问题。不过当腰部旋转时，我们会同时向相反的方向旋转肩部，这样两个力就抵消了，身体依然处于平衡状态（图 27）。人类走路的时候，反方向的胳臂和腿，也就是右臂和左腿、左臂和右腿会一起动，就是为了腰部和肩部能够朝相反的方向转动。人类是直立动物，能够通过躯干旋转保持平衡，而鸟类不是直立动物，它们会怎么解决这个问题呢？

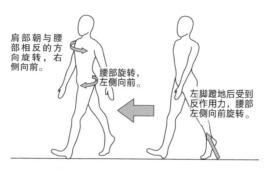

肩部朝与腰部相反的方向旋转，右侧向前。

腰部旋转，左侧向前。

左脚蹬地后受到反作用力，腰部左侧向前旋转。

图 27　人类的行走。左脚蹬地受到反作用力，腰部旋转，保持腰部左侧靠前的姿势前进。此时，肩部反方向的旋转与腰部旋转抵消，使腰部旋转大幅减小，走路姿势得以保持相对稳定

　　没错，答案就是靠摇头晃脑。从抵消旋转这个角度看，鸟类其实选了个绝佳的时机伸脖子。脖子一伸，鸟的身体就变长了。重量相同时，体长越长，越不容易旋转。以跷

跷板为例，一方坐得离支点越远，另一方就需要用越大的力量才能把这一方抬起来。同样，鸟类蹬地后受到反作用力时，通过伸脖子让自己的身体变长，身体就不容易旋转了。省去了不必要的旋转，能量转化效率自然会升高，身体的稳定性也会变强。

鸽子摇头晃脑的秘密

本章介绍了鸽子摇头晃脑的机制。简单来说，摇头晃脑的首要原因与视觉相关。鸟类的视线是朝向侧面的，因此它们走路时身边的场景会沿着与视轴垂直的方向流动。为了看清周围的场景，鸟类的眼睛必须要追着场景一起动，但是它们的眼球较大而且形状较为扁平，很难滴溜溜地转，所以只能让头部和周围保持相对静止。而这需要靠摇头晃脑来实现。

此外，鸽子每走 1 步只摆动 1 次脖子，而且只在特定的时间摆动脖子，这与它们的走路动作有关。鸽子每走 1 步摆动脖子的次数，与它们的颈长和步幅的大小有关。且由于神经系统同时控制腿部和脖子的运动，它们之间的次数关系有一定的局限性。最后，摇头晃脑会在最恰当的时机出现，这是为了帮助鸟类的身体在走路时保持平衡。

众多鸟儿都选择在固定的时机摇头晃脑，就好像被下了某种指令一样，原来背后竟然有这么复杂的原因。

专栏　与摇头晃脑的命定相遇

　　我开始研究鸽子的摇头晃脑，主要是因为太多朋友都在问我这个问题。我大学时带教老师的研究方向是人类双足行走的进化史。不过，我在上大学之前其实也非常喜欢动物。我小时候就爱捉鱼，还喜欢养一些青蛙、乌龟和小鸟之类的小动物。上了大学后，我经常外出观鸟，还喜欢制作一些骨骼标本。由于对动物天生的喜爱，我想做一些动物相关的研究，并且选择了这个专业，主攻人类学。

　　然而，这成了大大的失误。人类学，顾名思义要研究与人类相关的问题，这是理所当然的事情。的确，主攻人类学的人天天研究鸟，这事儿我也实在说不出口。要是研究和人类亲缘关系近一些的猴子还能说得通，但是观察猴子实在是不简单。为了观察猴子，我去了山里好几趟，但一直没找到合适的研究题目。当时我很焦虑，经常为了逃避现实跑去观鸟。

有一天，我突然发现自己最喜欢的鸟类都是双足行走动物。哎呀，真是舍近求远了。完全没必要跑出去找研究课题，研究鸟类多快乐、多有意思啊！我调查后发现，与鸟类行走相关的研究出乎意料的少。这正合我意，我就喜欢研究别人没有研究过的东西。大家都做的研究，自己做起来感觉意义不大。我认为最有研究价值的内容，就是既有意思又没有太多人研究过的东西。因此，我开始计划着手研究鸟类的行走，首先关注的问题就是鸟类的走路方式有什么特征。

当时，我的朋友们也因为研究的事情焦头烂额。我们经常一起讨论研究进展，在彼此遇到困难的时候相互安慰。每当我提到自己想研究鸟类的行走时，他们一定会问我鸽子走路为什么摇头晃脑。

我完全没想到大家会对这个问题如此感兴趣，竟然每个人都想知道鸽子走路摇头晃脑的原因。当时，我对摇头晃脑其实没什么兴趣（当然现在比谁的兴趣都浓厚）。但是我觉得既然大家都问鸽子摇头晃脑是什么原因，那不如就先研究一下这个问题。说实话，当时的态度并没有十分认真。当然我也没想到这个开始时不太认真的研究，最后居然坚持了十多年。

其实无论什么事情，只要认真去做，都会达到未曾预想的深度。我通过研究发现，鸟类摇头晃脑背后的原因千奇百怪。下一章，我将继续带领大家进行解谜之旅。

4

野鸭为什么不摇头晃脑？

　　大家知道吗？有的鸟类走路的时候并不会摇头晃脑。比如野鸭和海鸥等，它们就几乎不会摇头晃脑。那么，这是为什么呢？

　　"鸽子走路为什么摇头晃脑"和"野鸭走路为什么不摇头晃脑"，听起来是非常相似的问题，但是后一个问题听起来有些奇怪。至少我没有碰到过对野鸭不摇头晃脑的原因感兴趣的人。明明那么多人都对鸽子走路摇头晃脑的原因感兴趣，为什么就没有人对野鸭不摇头晃脑感兴趣呢？

　　这恐怕是因为，人类走路不会摇头晃脑。我们通常会对与自己不同的事物感兴趣，好奇它们"为什么要那样做"，但是一般不会注意到和自己相同的事物。因此，人们对"与自己不一样的"摇头晃脑走路的鸽子感兴趣，但是对"与自己一样的"并不摇头晃脑走路的野鸭不感兴趣。

然而，野鸭和人类之间，无论是大小体格还是系统构造都相去甚远。如果只靠不摇头晃脑这一个共同点，就认为人类和野鸭的走路方式相同，这肯定说不过去。那么按理说，我们应该像好奇鸽子的摇头晃脑一样，好奇野鸭不摇头晃脑的原因。当然，就算不关心也不会对生活造成任何影响。

本章将重点探讨野鸭与海鸥不摇头晃脑的原因。上一章介绍过，摇头晃脑主要有以下几个作用，即看清周边场景、获得深度知觉、提高走路时身体的稳定性。那么，不摇头晃脑的鸟类，难道没有观察四周的需求吗？还是说它们走路的时候身体本来就处于不平衡的状态呢？

身体构造不同？

　　首先，我们来看看它们的身体构造。上一章提到，与鸟类摇头晃脑有关的身体特征，主要有视轴朝向侧面、眼球相对头骨来说比较大且较为扁平、头骨相对身体来说较小、下颚较轻且没有牙齿、脖子修长且灵活等。然而，这些都是鸟类之间共通的特征，是它们为了在天空中飞翔进化出来的。野鸭和海鸥也不例外，它们同样具备这些特征。

　　野鸭及海鸥也和鸽子一样，视轴朝向侧面。野鸭和其他鸟相比，眼球确实小一些，但是和哺乳动物比起来还是大了不少。海鸥和同样不摇头晃脑的千鸟的眼球更谈不上小。因此，它们不摇头晃脑的原因，很难归到视轴方向和眼球大小上。脖子的灵活性同样也很难解释这个问题。野鸭和鸽子相比，脖子不但不短反而更长，颈椎骨数量也更多，整体更为灵活。而海鸥则在颈长及活动范围上和鸽子大体一致。

这么一来，野鸭和海鸥不摇头晃脑的原因肯定不在身体形态上。不过上一章也提到，如果人用手拿着野鸭将它前后上下摇晃的话，它们也会通过伸脖缩脖的方式保持头部静止。这说明，野鸭的眼球运动不够灵活，它们必须通过脖子的运动弥补这一点。

野鸭竟然不看身边？

那么，它们是不是压根就没有认真观察四周呢？但是，"它们白长那么大的眼睛了，什么都看不见啊"的说法实在是不妥，野鸭和海鸥肯定觉得委屈。我作为一个爱鸟人士，也无论如何说不出这种话。

于是，我们又提出了一个假说，即它们看的地方和我们不一样。举个例子，大家从电车里看向车窗外的景色时，好像近一些的景色移动得快，而远一些的景色移动得慢。大家走夜路时，道路两旁的房子还有电线杆会不断地跑到身后，但是天空中星星和月亮的位置却几乎没有变化。有时人们甚至会感觉月亮和星星一直跟着自己，但显然它们不可能这样做。人类之所以会有这样的感觉，完全是因为星星和月亮离地球太远了，我们稍微移动一段距离根本不会对视觉造成什么影响。

　　远处的景色看起来变化不大，那野鸭的问题从角度变化上进行思考就容易理解了。如图 28 所示，这张图标注了鸟类运动时，远处物体和近处物体的角度变化。在移动相同距离的条件下，近处物体需要积极调整视线角度才能继续观察，而远处物体只要稍微调整一点角度就可以了。这说明，角度变化越大，视觉感受上的移动速度就越快。

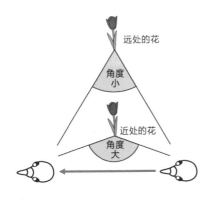

图 28　鸽子的运动和观察角度的变化。鸽子向前走时，近处物体的观察角度比远处物体的观察角度变化更大

　　我们假设野鸭和海鸥走路的时候看的是远处。那么，它们走路时视觉上的角度变化就会变小，即使不摇头晃脑也能看清周围的场景。相反，鸟类越是看近处的物体，就越要通过缩脖子保持头部与视觉场景的相对静止。然而，

我们要通过什么方法了解鸟类到底在看什么地方呢？直接问它们不现实，只能通过仔细观察它们的行为进行推断。

偶尔放弃摇头晃脑的鹭鸶，
偶尔选择摇头晃脑的海鸥

因此，我和团队伙伴一起调查了鸟类摇头晃脑的具体情况。我们对鸟类走路的样子进行了周密观察，目的是确定它们摇头晃脑的具体时机。

在观察过程中，我们最先关注到的问题是，大部分鸟儿会摇头晃脑，这个比例比想象中要多很多，而不摇头晃脑的鸟非常少。而且，摇头晃脑的鸟儿走路时会一直摇头晃脑，不摇头晃脑的鸟儿走路时则完全不会摇头晃脑。

然而，观察进一步深入后，我们发现个别鸟儿有时会摇头晃脑，有时不会摇头晃脑。例如，鹭鸶通常会摇头晃脑地走路，但是偶尔会掉几拍。海鸥一般不会摇头晃脑，但是某些契机下也会摇头晃脑地走路。那么，它们到底在什么时候会摇头晃脑，什么时候不会摇头晃脑呢？

鹭鸶"漫无目的"地走路？

我们首先观察了鹭鸶的情况。沙滩上几乎没有黑鹭的食物，当黑鹭叼着小树枝在沙滩上闲逛时，就不会摇头晃脑。在多摩动物公园的非洲花园里，有一块被长颈鹿等动物踏实了的地面，青鹭在这块地面上悠哉地散步时，也不会摇头晃脑。这两个场景中，鹭鸶的共同点是在"漫无目的"地走路。

说到"漫无目的"地走路，就是指走路时不带着明确的目标意识。刚才提到的沙滩上的黑鹭，一边反复叼起又放下小树枝，一边慢慢晃悠了好长时间。也许它们想把小树枝拿来筑巢，但是又嫌它太大了。又或许连这个想法都没有，单纯是因为闲得没事情做，所以才叼叼小树枝，觉得没用就又放下了。当然，这些只是我主观上的猜测。

为了使结论更加客观，我们分析了摇头晃脑与步行速度、路面环境、是否在寻找食物(用喙啄地面)等因素的关系。结果发现,步行速度及路面环境并不是影响因素,但是鹭鸶在没有寻找食物的时候确实不会摇头晃脑。

谜团解开了？！

观察鹭鸶后，我们提出摇头晃脑与觅食之间存在关系的假说。这个假说在我们后续观察红嘴鸥时被证明是正确的。红嘴鸥平时一般不会摇头晃脑，但是我们发现它们会边摇头晃脑边啄取脚边的食物。千叶县有个叫作谷津海滩的地方，那里有红嘴鸥会把脚放到水里，并且摇头晃脑地慢慢走。它们很明显地在观察自己的脚边，偶尔会把喙探到水里采食小动物，可以认定它们是在寻找猎物。

在知道红嘴鸥会出现这样的行为之后，我们观察得更为仔细，结果发现它们在草坪上捉虫吃的时候也会摇头晃脑。它们偶尔会停下来左看右看，但是马上又会开始摇头晃脑地走路。我们还偶然发现，当小虫子飞离草坪时，红嘴鸥会跑着追它们。这证明此时红嘴鸥就是在寻找猎物。红嘴鸥无论是待在水边还是草坪，只要是在自己的脚边寻找猎物，它们就会摇头晃脑地走路（图 29）。

① 伸脖子。

② 缩脖子，保持头部位置。

出右脚

出左脚

③ 进一步缩脖子，保持头部位置。

④ 再次开始伸脖子。

右脚着地

左脚着地

图 29　鸽子的摇头晃脑（左）和红嘴鸥的摇头晃脑（右）。*代表①～④中一直着地的脚。两者之间的腿部动作和摇头晃脑的时机完全相同

　　某著名漫画中的侦探到了这时肯定会说："谜团彻底解开了！"一旦发觉了摇头晃脑和觅食行为之间的联系后，迷雾就彻底被吹散，各种现象都有了合理的解释。山鸡、鸽子、鹤、秧鸡、鹭鸶、白鹳及鹬等会摇头晃脑地走路，而它们都是一边走路一边觅食、进食的鸟类。虽然它们的食物多种多样，从植物的种子、游动的鱼到昆虫等，但这些食物的相同之处是都需要边走边在脚的附近寻找的。走路的时候看脚边的东西，角度变化比较大，视觉感受上移动得更快。为了发现并准确地啄取食物，稳定的视觉和正确的深度知觉是非常重要的。

　　相反，不摇头晃脑的野鸭和海鸥几乎不会在走路的时候寻找食物。野鸭主要是在游泳的时候觅食，而海鸥也主要是在游泳时或者飞到水面时捉鱼吃。它们在陆地上的时候基本就是在休息，没有走路的需求。即便偶尔走路，也不会在走路的时候觅食。如果走路的时候不需要觅食的话，那就没必要看近处的东西，稳定的视觉和深度知觉自然就没那么重要了。

　　这一章还没有结束，野鸭走路不摇头晃脑的原因就呼之欲出了。不摇头晃脑的鸟类，不会一边走路一边寻找身边的食物。它们不用看着近处，所以没有必要通过保持头部静止来减少视觉上的晃动。

鸽子近视的可能性

我们知道了野鸭不摇头晃脑的原因，但是它不能解释那些摇头晃脑的鸟为什么一直在摇头晃脑。我研究鸽子已经有十多年了，每次见到鸽子都会观察它们是不是可以不摇头晃脑地走路，但是我一次也没有遇到过这种情形。家鸡和山鸡也总是摇头晃脑的。它们明明有时会看着远处走路，没有必要摇头晃脑，但它们为什么要坚持这样做呢？

我还没有找到这个问题的答案，但是推测它有可能与视力问题有关。有研究显示，鸡一般采食自己脚边的植物种子等，它们视野的下半部分偏近视，以便瞄准近处的焦点，而上半部分偏远视，以便瞄准远处的焦点。这种视力特点非常好，能够帮助鸡在寻找近处食物的同时，警戒半空中飞翔的鹰、鹫等捕食者。但是，恰恰因为视野的下半部分是近视眼，所以它们总能把脚边的东西看得清清楚楚。

既然能看清，自然就会多留心思。摇头晃脑的鸟儿们，也许就是因为有了这样的视力特点，才总是摇头晃脑的。

虽然目前还没有成体系的鸟类视力研究，但是不同的鸟儿之间应当有很大的视力差别，这从它们眼球形态的区别中就能略知一二。例如，猛禽类常常从高处快速落下捕食老鼠等动物，所以它们的眼球在视轴方向就极为突出，长成了比较奇怪的形状（图 30 右）。而不用从空中寻找猎物的小型鸟类完全不同，它们的眼球是扁平的（图 30 左）。我们认为这种形态上的差异，是因为猛禽类需要在高速移动的同时追踪猎物，因而必须具有惊人的焦点调节能力。

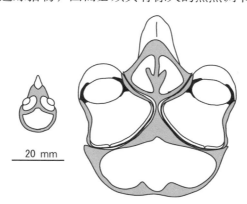

图 30　雀类（左）和猫头鹰（右）的头部示意图。它们眼球的大小和形态都完全不一样

121

因此，眼球的形态及视力也许与鸟类的行为息息相关。野鸭和海鸥的视力与鸽子和鸡的视力是否有区别，我们现在还不得而知。但是弄明白摇头晃脑的鸟与不摇头晃脑的鸟之间到底在视力上有什么区别，也许就能进一步揭开摇头晃脑的谜团了。

野鸭匆匆忙忙地走路

最后我们要探讨的是走路稳定性的问题。上一章提到，鸽子和鹭鸶的摇头晃脑会提升走路的稳定性。那么，行走时不摇头晃脑，会缺乏稳定性吗?

很显然，野鸭和海鸥的行走也需要稳定性。如果走路不稳定的话，它们就可能总是摔跤。但是它们并没有那么容易摔跤。所以，它们一定是用了摇头晃脑之外的方式，提升了走路的稳定性。

比如，它们提高了腿的动作频率，"匆匆忙忙"地行走。这个方式可以增加双脚着地的时间，提升走路的稳定性。

实际上，我们通过调查发现，完全不摇头晃脑的长尾鸭、不摇头晃脑时的红嘴鸥与摇头晃脑的鸽子、灰椋鸟相比，每步的步幅更小（图31左），而步频更高（图31右），也就是在"匆匆忙忙"地走路。而且，红嘴鸥不摇头晃脑时比摇头晃脑时更符合"匆匆忙忙"的感觉。这个结果将不摇头晃脑与"匆匆忙忙"地走、摇头晃脑与大步流星地走对应起来了。此外，不摇头晃脑的鸟儿有双脚着地时间长的倾向（图 32）。

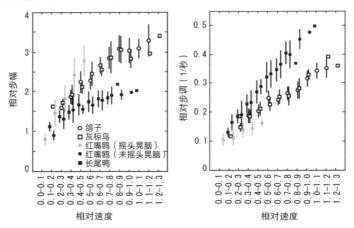

图 31 各类鸟儿在不同速度下步幅和步调（迈腿次数）的变化图。左图是步幅，右图是步调。所有数值都是与腿长相比的相对值。不摇头晃脑的鸟儿们（黑色）有步幅小、迈腿次数多的倾向

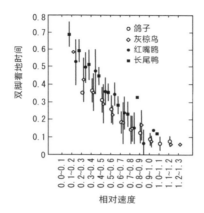

图 32　各类鸟儿在不同速度下步行时双脚着地的时长比例变化图。不摇头晃脑的鸟儿们（黑色）双脚着地的时间相对较长

当然，这个结果不能解释全部问题。我们在观察野鸭的走路方式时可以发现，它们走路时身体会左右摇摆，通过重心在左右腿上的移动来保持平衡。换句话说，野鸭摇摇晃晃走路就是为了保持身体平衡，和鸽子相比，它们只是采取了不同的方法而已。野鸭有野鸭的方式，海鸥有海鸥的方式，虽然和鸽子不一样，但它们都能保持走路的稳定性。看来，提升步行稳定性的方法，并不仅仅只有摇头晃脑一种。

摇头晃脑的原因大汇总

我们已经详细介绍了摇头晃脑的原因，现在进行简单汇总。

摇头晃脑首先与观察周围环境有关系。鸟类的视轴朝向侧面，为了减少视觉上的晃动，就会利用灵活的脖子调整头部的位置。这是摇头晃脑的第一大原因。

其次，鸟类摇头晃脑走路时，可以提升走路的稳定性。一般来说，摇头晃脑的鸟类走路时步幅更大、步频更小。相反，不摇头晃脑的鸟儿们迈着小碎步走路，步频较高。它们是为了增加双脚着地的时间，以确保走路的稳定性。

从更为严密的角度上讲，一边走路一边觅食、进食的行为，也与摇头晃脑有关系。这样的觅食行为需要获取近距离的视觉信息，因此必须减少视觉上的晃动。

鸟类变鸽子计划

　　摇头晃脑的原因已经基本明确了，我们接下来需要做的是验证这些假说。一系列的假说当中，最缺乏事实佐证的是觅食行为和摇头晃脑之间的关系。

　　为此，我制订了一个鸟类变鸽子计划。计划通过改变鸟儿脚下饵料的密度，让所有的鸟都像鸽子一样走路。如果鸽子摇头晃脑是由一边走路一边寻找脚边的食物引起的，那么只要让其他的鸟儿也一样去寻找食物，它们大概自然就会像鸽子一样摇头晃脑地走路了。

　　如果想让鸟儿们在脚边寻找食物，那么食物的密度设置得高一些比较好。保持在每5~10步有一个食物，鸟儿能够边走边找的状态就是十分理想的。此外，食物最好不要太大，保持在仔细看才能看到的状态比较理想。最开始的挑战者是红嘴鸥，它有时摇头晃脑，有时不摇头晃脑，具有很强的代表性，实验相对来说更容易进行。

我们开始寻找满足以上条件的饲养场所，十分顺利地找到了位于多摩动物公园的红嘴鸥饲养小屋。饲养小屋的地面有一部分是不太高的草地，其余的地方是沙地。园方平时都是在地面上撒面包虫喂养红嘴鸥，正符合要求。

得来全不费工夫！鸟类变鸽子计划立刻启动，我开始观察红嘴鸥。然而期待却落空了——红嘴鸥们都站着不动寻找食物，没有像想象中一样走起来。虽说也拍到了一次红嘴鸥摇头晃脑地走了3步的样子，可是断断续续观察了几小时，只有这么一点成果，从一般意义上讲可以直接宣告失败了。或许是食物的密度太高了，又或许是草地的面积太小了。如果寻找食物的范围不够广，那么红嘴鸥可能根本就没有走动起来寻找食物的动力。有机会我一定完善各项条件，重新进行实验。

专栏　汉堡的红嘴鸥变鸽子

　　我被鸟类变鸽子计划的失败重创时，正值国际鸟类学代表大会在德国汉堡召开。当时我刚刚将在海滩发现红嘴鸥摇头晃脑走路的成果整理成论文，想分享给更多的同仁们，所以准备去学会上发言。

　　我提前一天到达汉堡，在会址附近散步。这是我第一次到欧洲，见到所有东西都觉得新奇，看着欧式建筑林立的街景十分激动。附近的公园里有许多高大的树木，我还见到了许多鸟儿，有平时要到山里面才能看到的蓝大胆，还有喉部颜色特别漂亮的红腹灰雀等。

　　我一边走一边欣赏各式新鲜事物，正巧在街角碰到了一个大叔撒面包屑喂鸟。这情形我在日本的上野公园也总碰上（但是这种行为现在已经被禁止了）。我深感爱鸟人士不分国界，不禁带着微笑驻足观看，这一看就受到了冲击。追在大叔旁边吃面包屑的竟然是红嘴鸥，而且还是摇头晃脑觅食的红嘴鸥！

没错，汉堡的红嘴鸥变得和鸽子一样了。此时我受到的冲击无法用语言描述。作为所谓专家的自己都没能完成的实验，被一个恐怕连摇头晃脑的缘由都不知道的德国大叔随手做到了。

大会发言前夕，我的自尊心已被打击得渣也不剩。当时深感科学的无力，或者更应该说是自己的无能，同时对这位陌生的德国大叔产生了深深的敬畏之情。我暗暗发誓，今后一定要做个漂亮的实验，超过这位大叔。这就是国际鸟类学代表大会前一天发生的故事。

5

不摇头晃脑的话
晃哪里呢？

　　本书第 3 章与第 4 章详细介绍了摇头晃脑的原因。一个简简单单的摇头晃脑，背后隐藏着许多秘密，需要从不同角度深入剖析才能解开谜团。如果一直把目光放在摇头晃脑上，恐怕我们只会盯着鸽子和鸡不放，但是冷静下来思考后，不摇头晃脑的野鸭和海鸥也为我们带来了新的发现。

　　作为本书的最后一章，本章将进一步扩大范围，将以摇头晃脑为首的众多鸟类行为纳入视野之内。

跳跃时摇头晃脑吗?

第 2 章提到，麻雀是跳跃着往前走的。那么，麻雀跳跃的时候会摇头晃脑吗?

众所周知，麻雀也是在地上寻找身边的食物来吃。那么，麻雀似乎也应该摇头晃脑。然而，它们并没有这样做。这是为什么呢?

这或许是因为跳跃时的移动速度比较快。鸽子和鸡在跑步的时候也不会摇头晃脑。移动速度越快，摇头晃脑的频率就得越高。然而，移动速度越快，鸟儿也越难通过频繁地前后摆头来保持头部与周围环境的相对静止。平时摇头晃脑的鸟儿们在移动速度变快、摇头晃脑变得困难时，也会放弃摇头晃脑。

那么，麻雀是怎样在跳跃的同时觅食的呢?

答案是，它们会在站定时觅食。如果我们去观察，很快就能发现麻雀总是在蹦蹦跳跳后左看右看，然后再啄食饲料。周围食物多的时候，它们就干脆不抬头，一直啄食。当然，它们这时也可能会走上一两步。不过，麻雀会在只蹦一下的时候摇头晃脑。它们会在跳起来之前就把脖子伸出去，在起跳和落地的过程中缩脖子以保持头部与周围环境的相对静止。

不摇头晃脑的千鸟如何觅食

和麻雀一样，千鸟也是先移动一段距离，待站定后再进食的鸟儿。它们在海滩等地捕食沙蚕等小动物，往往会在一个地方站上很久，等把周围都观察好之后，再突然跑出去。跑到目的地后，千鸟就会快速啄食之前发现的小动物们。它们在跑步的时候不会摇头晃脑，而是会用一侧的眼睛瞄准目的地，迅速跑过去。

然而，和千鸟在相同的环境下生活、同样猎取小动物作为食物的鸟儿——鹬却会摇头晃脑、大步流星地走路。它们会一边走路，一边抓小动物。当然猎物偶尔逃走的时候，它们也会跑着去追。我曾经在冲绳县伊良部岛的湿地上，发现了正在追逐猎物的青脚鹬。它们在追逐猎物的时候，会跑上好几步。值得称赞的是，它们此时也没有忘记摇头晃脑。我自认是摇头晃脑的资深研究者，但是看到这一幕也不禁感到费解。

　　生活环境、食物来源相同，为什么这些鸟儿的觅食方法却有这么大的差异呢？原因不得而知。或许是体形大小和腿长方面的差异造成了觅食效率的区别，但是我现在也没有特别好的办法进行验证。只不过还有一个发现支撑着我最后一丝自尊心，那就是在环境相同、猎物相同的情况下，摇头晃脑行为的有无与是否在走路的过程中寻找食物有关。

小信天翁神奇的摇头晃脑

接下来,为大家介绍一种神奇的摇头晃脑。它和之前提到的模式完全不一样,是小信天翁的摇头晃脑。

就算大家不了解小信天翁,肯定也听说过信天翁,这是一种非常有名的鸟。人们为了得到信天翁的羽毛而残忍地猎杀它们,导致信天翁一度濒临灭绝,不过后来它们的个体数量又奇迹般地恢复了。当然,在它们个体数量恢复的背后,离不开相关人员坚持不懈的努力。不过,本书是关于鸟类运动的书籍,所以这些内容就略过不表,主要谈谈信天翁的走路方式。小信天翁是信天翁的近亲,身形略小,在包括小笠原群岛在内的太平洋岛屿上进行繁殖。

有一次,日本森林综合研究所的研究员川上和人先生给我看了一段视频,说:"听说你在搞摇头晃脑的相关研究,给我解释一下这个摇头晃脑呗。"我看了看视频,是从侧面拍摄的小信天翁走路的画面。当时川上和人先生正在做小信天翁的研究，拍到了它们奇怪的摇头晃脑。

看了视频后，我惊呆了。小信天翁走路时，竟然不是前后摆头，而是上下摆头。

当时的我十分自负，认为自己对鸟类的摇头晃脑了如指掌。我根本没有想过世界上竟然还存在我不知道的摇头晃脑，于是在震惊的同时产生了巨大的兴趣，当然还有不甘。于是我赶紧着手研究起了小信天翁摇头晃脑的原因。

V字形摇头晃脑的意义

我反反复复地看小信天翁的视频，最先注意到的问题是，它们的摇头晃脑不是简单的上下运动，而是在左右方向也有运动。当它的脖子向上伸时，整个身体会倾斜，脖子其实是在朝着侧上方伸出去，而脖子向下缩回来的时候路径正好相反。脖子再次向上伸时，会朝着与上一次相反的方向偏离。小信天翁反复重复这样的动作，在正面看起来就像头在画V字一样（图33）。

那么，这种V字形运动背后，有什么样的意义呢?

我翻开讲信天翁行为的书，发现这是"炫耀（display）"。所谓炫耀，指动物向其他个体传达信息时进行的动作，包括求偶、宣誓领地等含义。

小信天翁平时在海洋上飞翔，在洋面上度过大部分时间，它们降落在陆地上行走时，往往是为了繁殖。小笠原群岛的无人岛上没有信天翁的天敌，人们随便一走就能碰到它们。而小信天翁也是随便一走就会碰到同类，各自进入对方的视野当中。因此，它们在走路的时候时时保持"炫耀"，也不是什么稀罕事儿。

然而，当周围有灌木丛挡住视线，小信天翁看不到其他同类时，也依然会摇头晃脑地画着 V 字走路，这就很难解释了。难道说，它们的 V 字形摇头晃脑也对走路有帮助吗？毕竟，哪怕看起来毫无意义的动作，背后也一定有力学、神经生理学等方面的依据，否则动物们根本就不会习惯这样做。

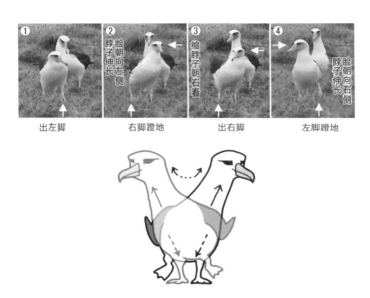

图 33　摇头晃脑画 V 字走路的小信天翁。伸左腿的时候脖子朝向左上方（照片②），伸右腿的时候脖子朝向右上方（照片④）

意外地很合理？

　　我观察了一段时间后发现，小信天翁的这个动作虽说有些不可思议，但却没有什么不自然的地方。我尝试模仿了一下它们的走路姿势，还是很容易做到的。当然，我和小信天翁的大小、形态、体形都不一样，模仿只是见形不见意，做个大概的动作罢了，但是这个大概的动作的确不难完成。我当时脑子里只有两件事，一是还好没有人看到我这个窘样子，二是小信天翁的动作在运动力学和神经生理学上基本都是合理的。

　　仔细观察小信天翁的走路姿势，会发现它们在伸右脚的同时脖子会向右上方伸，伸左脚的同时脖子会向左上方伸。这和鸽子的摇头晃脑一样，每走一步脖子就会伸缩一次，从神经生理学的角度来说是非常合理的。正如第 3 章提到的那样，在走路等周期性运动中，脖子和腿的动作相互关联，统一听从中枢神经系统发出的指令，我们就是根据这个原理得出的以上结论。

此外，从运动力学上讲这个动作也是合理的。出右腿时，将重心向右脚移动更有助于保持平衡。因此，整个身体都有朝右移动的必要，这时脖子向上伸的话，自然就是朝向右上方了。

小信天翁和棒球运动员

太好了，正如推测一般，小信天翁的摇头晃脑是十分合理的。某一天，我心里正暗暗高兴的时候，恰好翻到了一本神经心理学的书籍，了解到一项十分有意思的前人成果。它是日本的神经生理学家福田精在 1943 年的发现。

当时学界认为，只有在大脑功能部分受损等病态的动物身上，部分姿势反射才会发生。但是福田发现，这些姿势反射在人类的日常活动中也广泛存在。他从运动员经常摆出的姿势中，挑选出可以用姿势反射进行合理说明的四肢屈伸动作，并配上了说服力极强的图片，汇总成了论文。

直到 21 世纪，我才了解到福田的成就，实在晚了些。但是好在立刻得到了启发，他提到的这些反射，在动物的日常行为中也能够找到。福田提到的众多姿势反射当中，有一个"影响到四肢的紧张性颈反射"，指"以身体长轴为轴，颈部带动头部旋转 90°并固定，此时鼻尖一侧的前后肢伸展张力增强，而相反方向的前后肢伸展张力减弱"。小信天翁的摇头晃脑，不正好符合这个描述吗？

它们的脖子向右上方伸展的时候，喙朝右侧倾斜。此时，鼻尖也就是喙朝向右侧，同时右腿也在此刻伸展，对侧的左脚则是屈曲的。

福田在 1943 年的论文中放了一张棒球运动员的照片作为示例，我们将这张照片与小信天翁摇头晃脑走路的照片对照起来看（图 34）。棒球运动员和小信天翁是不是很像呢？小信天翁也就是眼影比较重，脸也稍微长了点，其他的看起来和棒球运动员区别不大。

这么一来，小信天翁的摇头晃脑虽然不可思议，但是从各个角度来说都不是毫无意义的运动。

可是，虽说是合理的运动，但是这依然不能成为小信天翁上下摆头的原因。为什么它们一定要上下摆头呢？也许单纯是为了炫耀，也许还有其他的理由。

目前还不能下定论。但是，我会继续思考这个问题，

希望有一天能发现更多的奥秘。

图 34 正在接球的棒球运动员（左）和摇头晃脑走路的小信天翁（右）。
两者乍一看没什么关系，但是它们的姿势实在惊人地相似

游泳时摇头晃脑的小䴙䴘[1]

　　实际上，还有在游泳时摇头晃脑的鸟儿。它就是小䴙䴘（图35）。这是一种小小的水鸟，会把幼鸟背在身上游泳，十分可爱。东京井之头公园的皮划艇游湖里就有小䴙䴘，如果划艇的话，能到达离它们非常近的地方。小䴙䴘这时会躲到水面下方，消失得无影无踪。如果我们发现它们过了一会儿还没有回到水面上来，仔细寻找时，就能看到它们在想象不到的地方突然出现。原来小䴙䴘是潜到水里捉小鱼吃去了。

图35　浮在水面上的小䴙䴘。稍不留神它就会潜到水里消失得无影无踪。图片来自樋口广芳老师

1　译者注：读音为 pì tī，也称水葫芦。

　　小䴙䴘在水面上浮游的时候，偶尔会摇头晃脑。它们为什么一边游泳一边摇头晃脑呢？我没有找到相关研究。为什么那么多人对鸽子的摇头晃脑感兴趣，但却没有人在乎小䴙䴘的摇头晃脑呢？是因为鸽子比小䴙䴘更常见吗？无论是什么原因，我作为研究摇头晃脑的专家，都不可能放过这个问题。

　　于是有一天，我专门到日本井之头动物园的水族馆里去看小䴙䴘。当时可爱的小䴙䴘正忙着在水里追小鱼。我发现，它们那时正在快速地摇头晃脑。

　　既然看到了，就没有放任不管的道理。我准备利用研究鸽子摇头晃脑的经验，解决这个问题。还没有正式着手的时候，东京大学的樋口广芳老师就联系我帮忙指导学生的毕业论文。这位学生叫郡司芽久，也对摇头晃脑十分感兴趣。既然如此，小䴙䴘的课题就交由她来做了。

　　首先我们仔细观察了小䴙䴘在水中的摇头晃脑，发现和在地面上走路时一样，它们都是通过弯曲脖子使头部与周围环境保持相对静止的状态。当脖子弯曲到一定程度时，它们就会伸展脖子带动头部向前移动。看起来小鸊鷉潜水时和在地面上走路时的摇头晃脑是同一种机制。不出所料,小鸊鷉也是通过视觉锁定猎物的。

然而有证据表明,鸟类潜水时的视力实际上和人类差不多。例如,和小鸊鷉一样在水中捕鱼的鸬鹚,它在水中的视力就和人类在水中的裸眼视力相差无几。既然在水中视力并不好,那么它们是怎样锁定小鱼并捕食的呢?

有一种可能是,鸟类在水中只看近处的物体。我们通过观察发现,小鸊鷉潜水的时候有时摇头晃脑,有时不摇头晃脑,而摇头晃脑的时候一定会保持自己的头部和周围环境相对静止。这个特点和鸽子的摇头晃脑一样,说明小鸊鷉也是在寻找附近的猎物。前述研究已经证实,鸟类看近处的时候摇头晃脑更为重要。这么一想,虽然鸟类在水中的视力比较弱,倒也并不妨碍它们锁定近处的猎物,这正好合乎逻辑。

此外,小鸊鷉潜水时的摇头晃脑也完全符合运动力学。它们会在用脚划水获得推进力的同时伸展脖子。和走路时不同，小鹏鹏游泳的时候双脚会同时划水（有时会单脚划水以转换方向），所以没有像走路时一样产生让身体旋转的力。但是，此时伸展脖子可以让身体变得细长，减小水的阻力，帮助自己更为顺利地前行。换句话说，摇头晃脑依旧在一连串的游泳动作中选了最合适的时机进行。

上下晃动脑袋的鸟类

有的鸟儿在既不走路又不游泳,只是在静止不动的时候会上下晃动脑袋,翠鸟就是很典型的例子。它长着一身深蓝色的羽毛,十分漂亮。翠鸟常常在河边或者池塘边静静地待着,然后突然冲入水中捉鱼吃。人们在城市的河边也常常能见到翠鸟,它长得实在是可爱漂亮,深受大家的喜爱。

我们在观察翠鸟时发现,它经常会突然向上伸长脖子,然后又缩回来。这一套动作,到底是怎么回事呢?

实际上,这是光的反射影响了翠鸟的视线,它为了看清楚水中的猎物和天敌才这么做的。我们在观察河流或池塘里的小鱼时也会有这样的经历,光线发生变化时水面会反光,水里的东西就看不清了。这时,稍微动一下头的位置,就能看得更清楚。翠鸟上下晃动脑袋,也是为了达到相同的目的。

　　上下晃动脑袋的鸟儿，不仅仅有翠鸟。我观察到的还有小千鸟、白千鸟和青脚鹬，恐怕鹬类和千鸟类当中还有很多会这样做的鸟儿。它们都是采食水下小鱼和海滩小动物的鸟类。海滩上也到处都是残留的水，阳光反射后看不清猎物是常有的事情。这时，鸟儿们就会迅速上下晃动脑袋。因此，这个类型的摇头晃脑同样与视觉及觅食行为有关。

恐龙会摇头晃脑吗？

我在学会或者演讲会提到摇头晃脑相关的话题时，观众们总会热情地问很多问题。"○○（鸟名）会摇头晃脑地走路吗？""我正在研究的 △△（鸟名）应该不摇头晃脑，是不是这样呢？"类似的问题比较多。偶尔也有人问："恐龙会摇头晃脑吗？"

恐龙已经灭绝了，我们没办法直接观察它们的行为，只能从形态特征上进行推断。根据第 3、第 4 章的结论，如果是符合头小、脖子长且灵活、眼睛大以及视轴朝向侧面等特征的恐龙，就有很大可能性是摇头晃脑走路的。我不是研究恐龙的专家，所以不好回答到底哪些恐龙符合这些条件。但是随手翻一翻小孩儿看的恐龙图鉴，想必就能找到很多具备这些特征的恐龙。最新研究表明，恐龙是鸟类的祖先这一说法几乎已成定论。如果真是这样的话，那么恐龙摇头晃脑的可能性就更高了。

不过在下结论之前，我们还必须考虑几件事情，比如恐龙是如何觅食的。鸟类当中，只有一边用眼睛寻找身边的食物一边进食的品种才会摇头晃脑地走路。像千鸟往往是在一个地方站定后大范围地观察四周，锁定猎物后再跑过去捕食，那它们无论长着什么样的眼睛、头和脖子，都不会摇头晃脑。翠鸟和小千鸟安静地待在水边寻找猎物，它们为了避免光的反射，会上下晃动脑袋。因此环境条件和觅食行为对鸟类是否摇头晃脑、怎样摇头晃脑有很大的影响。恐龙肯定也是一样的。如果真的想知道恐龙是否摇头晃脑，那么肯定要仔细研究它们的觅食行为。

从霸王龙等肉食性恐龙的复原模型来看，它们似乎是不会摇头晃脑的。超龙等超大型恐龙虽然头小脖子长，但它们走路的时候脖子是在水平方向上伸展，估计是一边走路一边摘树上的叶子吃，应该不会像鸽子一样摇头晃脑。从复原模型上看，似鸟龙倒像是会摇头晃脑的样子，但是最终还要结合它的觅食行为才能确定。如果只在脚边觅食估计会摇头晃脑,如果像千鸟一样的伏击型觅食的话估计就不会摇头晃脑……种种情况如此,所以不负责任地说恐龙会摇头晃脑倒是不难,认真探究的话就会发现困难颇多。

　　更何况我还见到了小信天翁独特的摇头晃脑,所以在已经灭绝的动物走路时会不会摇头晃脑这个问题上,我更不敢轻易地下定论。即使是现代鸟类,它们摇头晃脑的方式偶尔也会让我大吃一惊。虽说恐龙是充满魅力、十分值得研究的动物,但是这个问题实在太难,对于我来说负担太重了。所以我们不再深入探讨,还是把目光放到现代鸟类的运动上来吧。

鹡鸰走路的时候摇尾巴吗？

听到摇头晃脑的话题，很多人会联想到鹡鸰为什么会摇尾巴这个问题。每当我聊到摇头晃脑时，总有人问："鹡鸰走路时摇尾巴的原因是什么呀？"这时我会不自觉地腹诽："我说的明明是摇头晃脑的话题，为什么你要问摇尾巴的问题呢？"但是我也能理解，"摇晃"这个词确实容易带来这样的联想，所以干脆一口气给大家讲讲这个问题。

鹡鸰是雀形目鸟类，日本最常见的三种鹡鸰是黄鹡鸰、白鹡鸰和黑背鹡鸰。鹡鸰在城市地区有分布，观察起来较为容易。它们最常出现在水边，在有护岸工程的河滩和公园的草地上也能见到。想必大家都见过鹡鸰发出"啾啾"的声音飞翔的样子。

观察鹡鸰后可以发现，它们的确会灵活地上下摆动尾羽。这个行为十分引人注目。鹡鸰的英语是"wagtail"，其中"wag"的意思是"摇摆","tail"的意思是"尾巴"。所以说,鹡鸰在英语中的名字是"摇尾巴"。

　　由于鹡鸰摇尾巴实在太过醒目,任谁都会感兴趣。但是在解释鹡鸰摆动尾羽的原因之前,我必须要说的是:"鹡鸰在走路的时候不摆动尾巴,而是会摇头晃脑。"听到这个说法后,提出问题的人们一定会傻眼。这倒是正常,"摇尾巴"那么令人瞩目,竟然有人说"没摇",想必谁都会抱有疑问。

鹡鸰走路的时候不摇尾巴

实际上，鹡鸰走路的时候确实不摇尾巴。它们停下来的时候才会摇尾巴。走路的时候和鸽子一样，都是摇头晃脑的。鹡鸰走走停停，停下来的时候就摇尾巴，摇完尾巴就继续走路，不断重复这个过程。由于摇尾巴给人的印象实在是太深刻，而且鹡鸰在走路途中会频繁地停下来，所以人们才会认为它是边走边摇尾巴的（图 36）。

图 36 在草地上边走路边觅食的白鹡鸰。用心看的话就能发现它们走路时并不会摇尾巴，而是会摇头晃脑

这个事实似乎让很多人感到意外。不过第 3 章提到，很多鸟其实都会摇头晃脑地走路，大家之所以会把摇头晃脑当成是鸽子的走路方式，只不过是因为鸽子对于大多数人来说更为常见，且它们的脖子细长得恰到好处，更容易被人们意识到而已。其实，鹡鸰的走路方式和鸽子一样，也是十分典型的摇头晃脑。

那么，鹡鸰为什么会在停下来的时候摆尾巴呢?

一般来说，许多人注意到的问题，一定会有人研究。我的朋友桥口阳子在学生时代时，为了找到这个问题的答案，特意观察了黑背鹡鸰，发现黑背鹡鸰会在警惕天敌时频繁地摆尾巴。这应该是在向捕食者传递自己已经注意到对方的存在，并且保持戒备的信号。

德国的研究人员也给出了同样的结果。他调查了白鹡鸰到底是在觅食时（包括啄取猎物和抬头左看右看时）还是在梳理羽毛时，摆尾巴更加频繁。结果是白鹡鸰在觅食时摆尾巴更加频繁，但抬头左看右看保持戒备状态时比啄取食物时摆尾还要更频繁。

为什么不是"摇头晃脑"就是"摇尾巴"

　　我们本来说好要谈谈鸟类的各种运动，结果话题总围绕着"摇尾巴"或者"摇头晃脑"转圈子。难道鸟类除了摇头晃脑和摇尾巴就没有别的运动方式了吗？鸟类当然会做很多种运动，但是论周期性运动，恐怕确实就只剩下摇尾巴和摇头晃脑了。那么，为什么鸟类总是在摇头摆尾呢？

　　先说结论，对于鸟类来说，头部和尾巴动起来更容易。鸟类的躯干为了适应飞翔，进化得十分紧凑，几乎没有什么运动的空间。人类可以转动身体，做腹肌运动和背肌运动时可以向前后弯曲身体，躯干的运动相对来说十分自由。但是鸟类的躯干和人类不一样，不能这么自如地运动。如果躯干不能动的话，能动的地方就只剩下躯干之外的部分，也就是胳膊、腿、脖子和尾巴了。这四个地方当中，哪一个摇晃起来最容易呢，我们一个一个来看。

晃腿的话就走起来了,
晃翅膀的话就飞起来了

对于双腿站立的动物来说,晃腿不是件特别合理的运动。一条腿晃动的时候,另一条腿就要勉力保持平衡。当然,并不是说完全没有鸟会晃腿。比如鹭鸶在觅食时就会将一条腿伸到水里追着小动物不停晃动,等小动物一逃就迅速捕食。不过,从鸟类整个群体来看,这样的晃腿运动属于个例。

鸟类搔头的时候也会晃腿。鸟类的胳膊已经进化成翅膀了,只有用喙和腿才能整理羽毛、搔搔身体。因此,鸟喙够不到的地方几乎都要靠腿代劳。除此之外,倒是很难想出其他鸟类晃动腿部的情形了。

接下来,思考鸟类晃动胳膊的情况。不必多说,鸟类的胳膊自然是指翅膀。对于鸟类来说,晃动翅膀大概是个不小的工作,因为翅膀受到的空气阻力比较大。而且翅膀往往有一定的长度，如果自由自在地晃动翅膀，恐怕会碰上地面、树枝、小草等周围各种各样的东西，看起来不太体面。

当然，鸟类也不是完全不用翅膀。比如，鸽子在打架的时候就会用翅膀扑打对方。之前，我养的鸽子也用翅膀打过我好几次。虽说不疼，但是翅膀打过来的时候"啪"的一声，声音出乎意料地大，足以吓人一跳。虽然不知道翅膀的攻击力具体有多高，但是从我个人的经验来说，至少震慑对方的威力不小。此外，很多幼鸟向双亲乞食的时候双翼会小幅度振动。还有就是某些鸟类在做求偶或宣誓领地等炫耀行为时，会一边飞一边拍动左右翅膀，但是这样的例子并不多见。

为什么鸟类晃腿和晃胳膊（翅膀）的动作这么少呢？不用多解释，就是因为一晃左右脚就走起来了，两个翅膀同时一晃就飞起来了。走路和跑步就是双腿轮流晃动的动作，跳跃是双腿同时晃动的动作。双翼交叉晃动的动作大概率没有（同时晃动的动作就是振翅高飞）。走路和飞翔都是比较消耗能量的运动。如果鸟儿想要通过晃动什么轻松地传达信息,身体剩下的地方就只有脖子和尾巴了。

第3章提到,鸟类的颈椎骨数量多,颈部长且灵活。而鸟类的尾巴同样也比较长,还很轻巧灵活。因此,鸟类选择多动脖子和尾巴。

顺带一提,我们没有说到名字的鸟也会经常动尾巴。比如矶鹬就和鹡鸰一样,会频繁地摇尾巴。当然,仔细观察矶鹬的话可以发现,它其实是整个屁股带动尾巴摆动的。屁股上下晃动,尾巴自然也就跟着上下动了。还有很多鹬科的鸟都会晃动尾巴或者屁股。海边常见的矶鹬偶尔会突然垂下尾巴。秧鸡科的黑水鸡正相反,它的尾巴会时不时突然向上抬。红尾鸲小幅度地晃尾巴和乌鸫画圈式的晃尾巴也都很有特点。晃尾巴的方式如此多样,大概也因为对于鸟来说,晃尾巴是十分容易做到的动作吧。

青鹡摇晃躯干

　　然而，动物的世界充满了多样性。每当我们想将假说整理成一般规律时，一定会出现一些例外。在本书的最后，就来谈谈例外中的例外——青鹡。

　　青鹡生活在溪流当中，十分罕见。大部分人应该都没见过青鹡，我也从来没在野外见过它们，只在朋友那儿看过视频。这种鸟儿不会摇头或摆尾，也不会摇晃腿，它们摇晃的竟然是躯干。

　　具体来说，它们的腿会做屈伸运动，带动着身体上下摇晃。仔细观察可以发现，这时它们的头相对外部环境是静止的。第 3 章中提到，鸽子走路时在单腿着地的时候，头部和外界保持相对静止状态。同样地，青鹡摇晃躯干的时候，头部相对外界也保持静止。因此，我们才说是它们的躯干在摇晃。

　　但是，我们无从得知青鹬摇晃躯干的原因。它们为什么不摇头摆尾，而是选择了摇晃躯干呢？我不太了解青鹬的生活习性，所以没办法从行为学上给出解释，但是似乎可以从运动学的角度进行一些分析。其他的鹬科鸟类，有时也会摇晃躯干。我们之前提到了矶鹬，它就不是摇晃尾巴，而是摇屁股。准确来说，是通过倾斜身体让屁股上下运动。那么只要稍微做些变化，就是通过腿部的屈伸让整个身体上下运动了。如果青鹬不是一上来就直接摇晃躯干，而是在之前有个摇屁股的准备过程，那么摇晃躯干的原因就能够得到一些解释了。

　　然而，为什么有的鸟儿不摇尾巴，而是选择摇晃屁股呢？为什么有的鸟儿不摇屁股，而是选择摇晃躯干呢？明明轻轻的尾巴摇起来要省事多了，为什么不这样做呢？鸟儿们一定有它们的理由，但是目前我们还不知道这些答案。鸟类各种各样的动作中，还存在着很多不可思议的谜团。

结语 不起眼的摇头晃脑，不可忽视的摇头晃脑——观察身边动物的建议

　　本书以鸽子的摇头晃脑为中心，从多个角度介绍了鸟类的走路方式和其身体的其他运动方式。想必大家随手翻开这本书的时候，并没有想到摇头晃脑竟然能够引申出这么多的内容。我最初带着点好奇的心态研究摇头晃脑时，也完全没想过会研究到这样的深度。

　　其实不仅是摇头晃脑，动物的任何行为都要从各个角度去认真思考，否则就无法真正地理解。如果我注意到摇头晃脑时，并没有重视这个问题，直接放弃思考，那么研究也就无从谈起了。然而，看起来微不足道的问题，一旦认真思考，也许就能有意想不到的收获。这既不用准备专业设备，又不必专程跑到很远的地方。只要稍微上点儿心观察一下身边的动物就可以了。

　　如果有想要体验这种乐趣的朋友，赶快观察一下身边

的鸟儿们到底是怎样走路的吧。大家对鸽子的摇头晃脑都很感兴趣，但是还有很多相关的问题没有解决。麻雀的跳跃当中，同样存在着很多谜团。大家可以多观察鸽子，看看它们走路时有没有不摇头晃脑的时候，想必这一点会很有趣。如果哪位真的见到了不摇头晃脑走路的鸽子，请一定要帮忙详细观察并记录下它当时的行为以及周围环境等信息。当然，如果能拍视频记录的话就更好啦！

在世人看来，鸽子的摇头晃脑不过是众多小问题中的一个而已。不过，如果真的对这个问题感兴趣，那就值得去认真探究。实际上，我在研究摇头晃脑的过程中获得了很多快乐。而且，我还接受了很多媒体的采访，这说明看似不起眼的摇头晃脑的原因，其实许多人都感兴趣。每当我开设面向大众的讲座时，都一定会受到观众的欢迎。当我听到大家说自己一直好奇的问题得到解决时，也会觉得十分开心，因为自己的研究为其他人带来了快乐。虽然摇头晃脑并不起眼，但只要大家都好奇这个问题，那么就有了研究的意义。

　　各位听了这么多，想必也都跃跃欲试，想要亲自去观察鸽子的摇头晃脑了吧。如果真有这样的想法，那就马上出发去公园吧，找到鸽子不是一件困难的事情。我期待大家先亲眼验证一下本书的内容是否正确。当然，观察其他的鸟儿也完全没问题。除了鸽子，还有很多会摇头晃脑的鸟儿。如果大家看到的鸟儿不摇头晃脑，那么这背后肯定也隐藏了诸多谜团。

　　除了鸟类，观察任何事物也都可以。关键是要亲眼看，并自行思考。这是通往科学的第一步。大家稍微花些心思从这些简单的事情做起，就一定能够见到未曾深入过的广阔世界。